电弧炉炼钢技术及异常处置

主　编◎廖仲宾　刘幼平
副主编◎李　竹　刘海德　吴冀鄂　杜　伟
主　审◎郑　丹　杜　伟　王稀军

西南交通大学出版社
·成　都·

图书在版编目（CIP）数据

电弧炉炼钢技术及异常处置 / 廖仲宾，刘幼平主编
. --成都：西南交通大学出版社，2023.12
ISBN 978-7-5643-9675-6

Ⅰ. ①电… Ⅱ. ①廖… ②刘… Ⅲ. ①电弧炉 – 电炉炼钢 Ⅳ. ①TF741.5

中国国家版本馆 CIP 数据核字（2024）第 008973 号

Dianhulu Liangang Jishu ji Yichang Chuzhi

电弧炉炼钢技术及异常处置

廖仲宾 刘幼平 / 主编

责任编辑 / 赵永铭

封面设计 / GT 工作室

西南交通大学出版社出版发行
（四川省成都市金牛区二环路北一段 111 号西南交通大学创新大厦 21 楼 610031）
营销部电话：028-87600564 028-87600533
网址：http://www.xnjdcbs.com
印刷：四川煤田地质制图印务有限责任公司

成品尺寸 146 mm × 208 mm
印张 6.75 字数 168 千
版次 2023 年 12 月第 1 版 印次 2023 年 12 月第 1 次

书号 ISBN 978-7-5643-9675-6
定价 40.00 元

EDITORIAL BOARD 编委会

PREFACE 序

习近平总书记在党的二十大报告中深刻指出:“加快建设国家战略人才力量，努力培养造就更多大师、战略科学家、一流科技领军人才和创新团队、青年科技人才、卓越工程师、大国工匠、高技能人才。”这是以习近平同志为核心的党中央从统筹中华民族伟大复兴战略全局和世界百年未有之大变局的战略高度，在更高起点、更高层次、更高目标上对人才强国提出的新要求。作为人才“蓄水池”的国有企业，必须锚定新坐标、树立新标杆、谱写新篇章，以更高的标准、更大的力度、更实的举措，把新时代人才强国战略各项任务落到实处。

廖仲宾，1990 年进入中车眉山公司，从一名普通炼钢工成长为全国劳模、四川省道德模范和大国工匠。三十三年的追梦奔跑路上，闪烁着报国忠企的志气。2008 年，中国铁路货车首次实现技术出口，作为巴基斯坦铸钢车间负责钢水冶炼技术指导的廖仲宾，全凭眼睛测定温度出钢，创造炉炉都是优质钢的“奇迹”。2009 年 6 月，他以“我是一名中国炼钢工人，我的一切都属于我的祖国。”谢绝外方的高薪聘请回国。三十三年如一日，在艰苦而平凡的岗位上，诠释着奋进自强的骨气，用奋斗书写事业的追求，用责任担当时代的重任，用脚步奠基企业的前行，在攻坚克难、锐意进取中，心中有策、胸中有谱、手中有招，把“难题”变为“奇迹”，让“不可能”变成“一定能”。三十二年的漫长攻关勇毅中，彰显着创新笃行的底气。从成功解决钢水成炉性气孔、夹杂物超标等国内铁路制造钢水冶炼的技术难题，到首创炉外精炼技术，他一次次站到钢水冶炼技术创新的最前沿和新高地上，成其大、飞其高、达其远。

当前，建设制造强国、交通强国、质量强国，是全面建设社会主义现代化国家的重要内容；作为“国家名片”的中国中车，始终肩负着“大国重器”的历史责任和时代使命，制定了打造“受人尊敬的国际化一流”企业的宏伟蓝图；作为中国中车旗下的中车眉山公司提出了全面建成“多极并进、集群发展”的轨道交通装备“双百企业”的奋斗目标。新的伟业，新的征程，新的奋斗，我们所面对的历史机遇和严峻挑战世所罕见、史所罕见，迫切需要一大批有理想、敢担当、善创新、肯奋斗的新时代产业工人。

历史性成就靠团结奋斗铸就，发展新天地靠人才集聚开创。今天，廖仲宾把自己在岗位中所学、所悟、所干的职业实践，汇编成《电弧炉炼钢技术及异常处置》一书出版，既反映了廖仲宾争当铺路石、甘为人之梯的“大师傅”情操，也希望帮助和培养立志从事炼钢事业的新人迅速成长,努力成为行业骨干、奋斗先锋，让全面建设中国式现代化伟大事业后继有人，让实现第二个百年奋斗目标征程的根基坚如磐石。

“志之所趋，无远弗届，穷山距海，不能限也。”新时代产业工人生逢近代以来中华民族发展的最好时代，处于实现中华民族伟大复兴的最关键时代。施展才干的舞台无比广阔，实现梦想的前景无比光明。学习实践没有止境，创新奋斗没有止境，让我们向廖仲宾学习，使命在心，责任在肩，奋斗在前，做刻苦学习、敬业奉献、锐意创新的模范。“微光虽渺，万丈成炬。”让我们和廖仲宾一道，做永不停歇的奋斗者，把爱国之情、强国之志转化成报国强企之行，立足学习从自身做起，立足实践从点滴奋起，不断开辟伟大事业发展新天地，不断成就个人价值实现新征途，不断谱写“强国圆梦、功成有我”的奋斗佳话。

中国中车眉山车辆有限公司党委书记、董事长

2023 年 5 月

FOREWORD 前言

本书主要介绍三相碱性电弧炉氧化法冶炼的理论知识，实际操作及常见异常问题的处理。由于氧化法冶炼的氧化期和还原期是一个相对矛盾的过程，因此如何做好氧化期和还原期的相关工作对钢水的质量、设备及人身安全就显得尤为重要。该书还详细介绍了超高 P、S 的处理方法，对炼钢工培训理论、提高冶炼实际操水平作具有很强的指导意义。

参加本书编写工作的有李竹（1、11 章）、吴冀鄂（2 章）、刘海德（3、9 章）、刘幼平（4 章）、廖仲宾（5、6、7、8 章）、门殿彬（10 章）。本书主审为郑丹、杜伟、王稀军。

由于编者水平有限，书中不足之处敬请读者批评指正。

编　者

2023 年 5 月

CONTENTS 目录

第1章

绪论

1.1 冶炼技术发展历程

铁是古代就已知的金属之一。3 300年前，随着青铜熔炼技术的成熟，逐渐为铁的冶炼技术的发展创造了条件。中国是发现和掌握炼铁技术最早的国家，有关资料证明，中国最早人工冶炼的铁是在春秋战国之交的时期出现的。

铁的发现和大规模使用，是人类发展史上的一个光辉里程碑，它把人类从石器时代、铜器时代带到了铁器时代，推动了人类文明的发展。至今铁仍然是现代化工业的基础，人类进步所必不可少的金属材料。

在人类发明炼铁之后不久，就学会了炼钢。由于钢较之最初的生铁有更好的物理、化学、机械性能，所以很快就得到大量的应用。但是由于技术条件的限制，人们对钢的应用一直受到钢的产量的限制，直到18世纪工业革命之后，钢的应用才得到了突飞猛进的发展。

钢铁作为工业的粮食，对工业的发展、国家经济力量的水平及其增长都有很大的作用。钢是碳、硅、锰及其他元素在钢中的固熔体。存在于钢中的元素大致可分为两类：一类如碳、硅、锰、铬、镍等，其作用是改善钢的性能，以满足钢作为工程材料要求的有益元素，C（碳）的含量对钢铁的机械性能起着主要作用，故统称为铁碳合金。它是工程技术中最重要、也是最主要的，用量最大的金属材料。另一类如硫、磷、砷、氧、氢、氮等，是从炉料或大气中进入钢中的，它们的存在会使钢的性能变差。

炼钢的任务在于通过高温环境下的化学反应，将主原料（铁水和废钢等）中的杂质、气体去除，对钢水的成分和温度进行调整，达到规定的要求，最后成为合格的铸坯或钢锭。

随着炼钢技术的不断进步，炉外精炼在现代钢铁生产中已经占有重要地位，传统的生产流程（高炉→炼钢炉（电炉或转炉）→铸锭），已逐步被新的流程（高炉→铁水预处理→炼钢炉→炉外精炼→连铸）所代替。已成为国内外大型钢铁企业生产的主要工艺流程，尤其在特殊钢领域，精炼和连铸技术发展得日趋成熟。精炼工序在整个流程中起到至关重要的作用，一方面通过这道工序可以提高钢的纯净度、去除有害夹杂、进行微合金化和夹杂物变性处理；另一方面，精炼又是一个缓冲环节，有利于连铸生产均衡地进行。

日本在20世纪70年代为了降低炼钢成本，提高钢的纯净度和质量，率先将炉外精炼技术应用于特殊钢生产中，随后西欧的钢铁企业也加入到推广和使用这项技术的行列中。据资料报道，日本早在1985年精炼率达到65.9%，1989年上升到73.4%，特殊钢的精炼率达到94%，新建电炉短流程钢厂100%采用炉外精炼技术。20世纪80年代连铸技术发展迅速，原有的炼钢炉难以满足连铸的技术要求，更加促进了炉外精炼技术的发展，到1990年为止世界各主要工业国家拥有1000多台（套）炉外精炼设备。炼钢设备供应成为了一种市场需求。

我国早在20世纪50年代末至60年代中期就在炼钢生产中采用高碱度合成渣在出钢过程中脱硫冶炼轴承钢、钢包静态脱气等初步精炼技术，但没有精炼的装备。60年代中期至70年代有些特钢企业（大冶、武钢等）引进一批真空精炼设备。80年代我国自行研制开发的精炼设备逐渐投入使用（如LF炉、喷粉、搅拌设备），黑龙江省冶金研究所等单位联合研制开发了喂线机、包芯线机和合金芯线，完善了炉外精炼技术的辅助技术。现在这项技术已经非常成熟，以炉外精炼技术为核心的“三位一体”短流程工艺广泛应用于国内各钢铁企业，取得了很好的效果。初炼（电炉或转炉）→精炼→连铸，成了现代化典型的工艺短流程。

中国钢铁工业可以大致划分为三个阶段：

第一阶段（1949—1978年）为“以钢为纲”的发展阶段。新中国成立后，钢铁工业开始逐步得到恢复和发展，在苏联援助下建设了鞍钢、武钢、包钢等钢铁厂。随着“三线建设”的铺开，在西南、西北建设了攀钢、酒钢、成都无缝管厂等一批新的钢铁企业，初步形成了新中国的钢铁工业布局。在这一阶段中国钢铁工业就走上了一条以追求产值、产量增长速度为目标的粗放型的发展道路。

第二阶段（1978—2000年）为稳步快速发展阶段。改革开放政策，为利用国外的资金、技术和资源创造了条件。1992年，党的十四大确立了建设社会主义市场经济体制的改革方向，极大地激发了企业的活力。中国钢铁工业面对良好的发展机遇，加快了钢铁工业现代化建设的步伐。伴随着社会主义市场经济体制和现代企业制度的逐步建立，更是为钢铁工业发展注入了强大的内在动力。1996年中国钢产量（粗钢）首次超过1亿吨，达到10124万吨，占世界钢产量的13.5%，超过日本和美国成为世界第一产钢大国。2000年，中国钢产量为12850万吨。

第三阶段（2001年至今）为加速发展阶段。在加速发展阶段的“十五”期间，中国钢铁工业更是实现了持续高速发展。粗钢产量从2000年的1.3亿吨，到2003年中国粗钢产量超过2亿吨，到2005年，粗钢产量达到3.6亿吨，成为全球第一个粗钢产量突破3亿吨的国家，再到2006年粗钢产量达到3.2亿吨，连续实现了钢产量2亿吨、3亿吨和4亿吨的三次跨越。

1.2 铁路货车关键铸钢件制造技术发展

20世纪90年代以来，我国铸造业快速发展，2000年开始我国各类铸件总产量连续稳居世界首位，2007年各类铸件总产量达3127万吨，约占世界铸件总产量的1/3。近年来，铸造基础理论研究、制造技术和材料研究等方面取得了丰硕的成果，装备能力和产品质量得到了大幅提升，为我国从铸造大国向铸造强国的转变奠定了良好的基础。

随着国民经济发展和铁路货车重载提速运输的需要，我国铁路货车关键技术取得重大突破，形成了较为完善的研发平台和标准体系，整机制造水平逐步达到了世界先进水平，铁路货车大量出口至多个国家。

铸造技术在机车车辆行业中占有重要地位，铸钢件年产量约22万吨，占全国铸钢件产量的20%左右，在货车三大件结构转向架中，铸钢件占转向架总重的50%左右。经过铸造工作者不断努力和创新，我国铁路货车摇枕、侧架和车钩制造水平得到了长足发展，特别是近几年来，铁路货车制造业联合攻关，对摇枕、侧架、车钩铸造技术进行了系统研究。摇枕、侧架和车钩、牵引杆关键件产品质量涉及铁路货车的运行性能，关系到铁路运输的安全，是铁路货车十分重要的零部件。摇枕、侧架和车钩、牵引杆的制造技术和产品质量一直受到各国铁路车辆主管部门以及制造企业和运营商的高度重视。

20世纪50年代，苏联发明 CO_2-水玻璃砂工艺，该工艺方法简便易行、价格低廉、污染程度低。我国机车车辆制造行业从20世纪50年代开始推广采用水玻璃砂工艺生产摇枕、侧架和车钩，到60年代中期，水爆清砂工艺的使用，解决了水玻璃砂清砂困难的难题，并逐步形成了完整的水玻璃砂生产普通碳素钢摇枕、侧架和车钩的工艺和装备体系。

由于水爆清砂要求铸件在高温下入水（650℃左右），铸态组织铸件在激冷条件下容易产生毛细裂纹，从而大大缩短了摇枕、侧架和车钩的疲劳寿命。为改善水爆清砂工艺带来的弊病，

1987年开始，我国在摇枕、侧架和车钩制造工艺上推广水浴清砂工艺，将铸件清砂入水温度降低到500℃以下，一定程度上减少了铸件裂纹倾向。

随着国内外对水玻璃粘结、改性机理研究的深入和对采用树脂砂生产铸钢件工艺技术的不断改进，"九五"和"十五"期间，技术上突破了有机酯-水玻璃砂仅应用于单件或小批量生产铸钢件的局限性，大部分铁路货车摇枕、侧架和车钩生产企业对原有传统水玻璃砂系统进行了技术改造，采用有机酯-改性水玻璃砂工艺大批量生产摇枕、侧架和车钩，并实施干法清砂工艺。部分企业建成了摇枕、侧架和车钩有机酯-改性水玻璃砂造型、制芯生产线，还有部分企业建成了树脂砂造型线、潮模砂抛砂造型生产线和 pep-set 树脂砂制芯线、潮模砂气冲造型生产线、改性水玻璃砂 VRH 法造型生产线。淘汰水浴清砂工艺，解决了铸件因激冷而产生毛细裂纹的问题。

20世纪80年代中期，为提高材料的综合力学性能，我国对世界发达国家铁路标准体系和铁路运用情况进行了系统分析研究。1986年研制了 B 级钢，并开始用于生产铁路货车摇枕、侧架；1987年至1989年研制了 C 级钢和 E 级钢，逐步用于生产5000吨、10000吨货物列车车钩。

20世纪末开始，逐步淘汰了燃重油热处理炉。21世纪初，采用整体磁化连续法湿法磁粉探伤方法对摇枕、侧架和车钩关键部位进行检测。

综上所述，从20世纪90年代中后期开始，我国铁路货车摇枕、侧架和车钩的制造技术发展，主要有以下几个方面：

（1）采用干法清砂工艺，淘汰水浴清砂。

（2）全面采用 B 级钢生产摇枕、侧架，采用 C 级钢和 E 级钢生产车钩，淘汰普通碳素钢材质。

（3）采用炉温自动控制热处理炉进行热处理，淘汰燃重油热处理炉。

（4）采用整体磁化连续法湿法磁粉探伤方法对摇枕、侧架和车钩重要部位进行检测等。

这些技术的实施，初步改变了我国摇枕、侧架和车钩制造技术水平落后的局面，产品质量也有了进一步提高。实践表明，我国摇枕、侧架和车钩制造技术随着国民经济的发展和铁路运输的需要、社会科技进步和铁路技术政策的激励，始终在不断发展进步。

经过15年探索、验证，我国铸钢摇枕、侧架、车钩的工艺、材料、检测技术得到了大幅度提升，制造技术和产品质量达到了世界领先水平。

1.3　中车眉山车辆有限公司炼钢技术历程

中车眉山车辆有限公司（以下简称眉山公司）自1966年建厂以来，铸钢车间经历了1984年新造货车4000辆扩能改造，1994年新造货车6000辆扩能改造，从生产工艺、装备、工艺平面均有了较大的改善。眉山公司铸钢件稳步地开拓市场，跟钢水冶炼技术进步是分不开的。

（1）1975年4月29日，铸钢车间炼出第一炉钢水，实现工厂当年“五一”出钢目标，随后进入钢种为普碳钢 ZG230-450为主的冶炼历程。

（2）2003年6月，铁路货车行业发展进程，眉山公司自“中国南车集团戚墅堰机车车辆工艺研究所”转让 B+级钢（ZG25MnCrNi）和 E 级钢（ZG25MnCrNiMo）相关材料技术文件、材料理化检验要点、材料制造技术，结合眉山公司自行试验验证攻关，自此具备 B+级钢、E 级钢冶炼技术以及对应材质铸钢件生产能力。

（3）2004年，南车集团公司组织冶炼技术攻关，下发[2004]48号文，规范了铁路货车行业低合金钢的冶炼操作要点，全面规范了冶炼操作规程和原始记录，规范了天然气烤包、冶炼合金烘烤、石灰使用及出钢槽、镁碳砖等原材料工艺和使用要求，规范熔化期、氧化期、还原期工艺全过程控制要求，增加对铝、锡、砷、铅等元素及还原期 FeO 含量等控制要求。同时眉山公司开展冶炼攻关，在白渣出钢基础上，研究实施钢水炉外吹氩、喂丝技术，实行炉外精炼工艺，稳定提高了钢水质量，降低了钢水中非金属夹杂物的等级，进一步减少了摇枕、侧架、车钩等关键部件产生裂纹等质量问题的概率。眉山公司冶炼工艺完成了一次系统性的技术提升。

（4）2004年后，为适应国内市场和国际接轨需求，经技术攻关，眉山冶炼技术相继达到符合铁标及 AAR 标准的 B 级钢、B+级钢，C 级钢、E 级钢，以及 ZG25MnSi、20ГП（ZG25Mn）等钢种冶炼能力，从技术标准、冶炼能力、产品结构满足国铁需要基础上，实现与国际接轨。

（5）2005年4月，铸钢扩能改造工程基本结束，钢水日产量由8炉增加到10炉，可达年产6700辆份 B 级钢货车摇枕、侧架和3500辆份 C 级钢13A 型车钩、钩尾框能力。

（6）2005年下半年，国铁22000辆货车提速改造，工厂共外销3876辆份 B 级钢摇枕、侧架、车钩。

（7）2006年，铁道部运输局，下发[2006]79号文，“铁路货车住钢摇枕、侧架生产技术管理要点”，重点包括冶炼工艺要点、焊修工艺要点、热处理工艺要点、探伤工艺要点。其中冶炼工艺要点提出8条工艺要求，8项质量记录，从标准执行、过程控制、质量检验方面做了系统要求。该指导性文件对冶炼操作及其质量管理实现了进一步的完善。

（8）2007年7月1日起，实现转 K6型摇枕、侧架采用 B+级钢、整体芯铸造工艺、关键部位超声波探伤和超声波壁厚检测等技术生产的摇枕、侧架。

（9）2016年6月分公司投资新上铸钢件消失模工艺生产线并投入使用，拥有1吨、2吨中频炉各两台，三维振实台两台，五个浇注平台，年产各类中小钢件5000余吨。

（10）结合国内外铸钢件市场开发，铸钢分公司逐步完善的质量保证体系，通过了 IRIS、ISO9001质量管理体系认证，以及 OHSAS18001职业健康安全管理体系认证和 ISO14001环境安全管理体系认证。

铸钢件除砂铸的摇枕、侧架、车钩、牵引杆、心盘座、冲击座等及消失模工艺的锁头、前从板座、车钩支撑座等中小件等铁路货车配件，还涉及锚链轮等船舶铸件，矿山机械的转子支架等，以及重型汽车桥壳等汽车铸件。铁路货车铸钢件除国铁应用，远销委内瑞拉、纳米比亚、苏丹、巴基斯坦、泰国、越南、澳大利亚、阿根廷、毛里塔尼亚、俄罗斯等国家。

随着我国铁路货车重载提速运输快速发展，对摇枕、侧架和车钩的产品质量和制造技术提出了更高要求。2005 年开始，铁路货车制造企业对货车摇枕、侧架和车钩等关键零部件的制造技术进行了联合攻关，依靠自身力量进行技术创新和管理创新，并取得了重要成果，适应了铁路运输快速发展的需要，铸件可靠性有了质的飞跃。

（11）B+级钢冶炼技术。

通过系统研究低合金铸钢材料成分、组织和性能的关系，研制了 B+级钢材料（ZG25MnCrNi）。B+级钢通过提高钢中奥氏体组织的稳定性，降低了热处理的临界转变温度 Ar_3，细化了铁素体和珠光体组织，铸件的力学性能、抗疲劳性能得到较大提高，最大疲劳循环次数比 B 级钢提高30%以上，材料的临界裂纹尖端张开位移（CTOD）比 B 级钢提高10%。

（12）钢水炉外精炼技术。

在优化冶炼工艺和规范操作的基础上，采用了LF钢包炉、钢包吹氩+喂丝等钢水精炼技术，钢的气体和有害元素的含量大幅降低，改善了钢中夹杂物的形貌，减少了夹杂物数量，提高了钢水纯净度，钢的综合力学性能和铸件内在质量进一步提高。

通过大量基础研究、试验验证、运行考验，逐步完善了摇枕、侧架和车钩的制造技术标准，形成了金属材料、制造工艺、检测技术等制造技术标准体系。

① 降低钢中磷、硫等有害元素，及氧、氢等气体含量，使钢水达到优质钢标准。

② 增加了金相组织及非金属夹杂物的检测要求，其中Ⅰ、Ⅲ、Ⅳ型非金属夹杂物要求比《机车车辆用铸钢件第1部份：技术要求及检验》（TB/T 2942.1—2020）提高了一个等级。

③ 提高了摇枕、侧架疲劳试验标准。

第 2 章

电弧炼钢炉设备简介

电弧炼钢炉由炉体、机械设备和电器系统三部分构成。同时，为满足生产及环保要求，配置了相应的水冷系统及除尘系统。本章将结合中车眉山车辆有限公司 HGX-5B 电弧炼钢炉阐述电弧炼钢炉的设备构成及常见故障处理。

2.1 机械设备

中车眉山车辆有限公司 HGX-5B 电弧炼钢炉采用炉盖旋转顶装料结构。其机械装备由倾炉机构、炉体装置、炉盖、旋转架与炉盖提升机构、旋转机构、电极升降装置构成。

2.1.1 倾炉机构

倾炉机构由轨道、倾炉油缸、摇架平台等组成。

左右轨道固定在水泥基础上，轨道上有圆孔，并与摇架平台弧形轨道销钉相对应。倾炉油缸的下支座固定在水泥基础上，上支座装在摇架平台的底部，出钢侧最大倾角42°，扒渣侧最大倾角15°。

2.1.2 炉体装置

炉体装置由 ϕ3240 mm 的炉壳和气缸驱动的炉门装置及出钢槽组成。

2.1.3 旋转架与炉盖提升机构

旋转架作为炉盖、电极升降装置的支撑结构，由钢板和型钢组焊而成。旋转架托架下部设有安装升降电机的托梁。

炉盖提升机构由炉盖提升油缸、链轮、链条组成。炉盖提升机构安装在旋转架横梁上。机构包括有链轮，链条及炉盖提升油缸，链轮通过旋转架横梁上的开孔装入并通过销轴固定在横梁上。

2.1.4 旋转机构

旋转机构由驱动油缸、转筒支架、转盘轴承及驱动约束拉杆等构成。构成旋转装置的上述构件相互连接之后安装于倾动平台上，组成连杆机构，实现炉盖移动和转动的复合运动。

2.1.5 电极升降装置

该装置由电极升降电机、立柱、导电横臂、电极夹紧机构、绝缘构件等组成。

2.2 电气设备

2.2.1 电炉短网及导电横臂

电炉短网采用铜排软连接结构，截面承受电流≥12 000 A。

导电横臂体采用铜、钢复合材料，外表面为紫铜，主要起导电作用，内表面为钢板，主要起强度作用。整个断面为三层，上层回水，下层进水，中间无水，碟簧拉杆及拉杆与抱圈的连接均在中间层，电极夹紧采用气缸，气缸放置于立柱后侧，压缩空气推动气缸活塞通过杠杆比增加推力，压缩碟簧带动拉杆使抱圈向前移动，实现电极松开。停止供气时，碟簧的张力通过拉杆使抱圈向后移动，实现电极夹紧。

2.2.2 变频式电弧炉电极自动调节器

变频调节器的核心器件是变频器。有变频器构成的电极自动调节器，通过利用恒力矩特性从设计上完全解决了因机械负荷重，在低速运行时容易烧坏执行电机的问题。

变频式电极调节器在实际工作中根据不同的工作环境采用不同的调节过程。

1. 点　弧

因为变频器不允许通过主回路直接启动运行，所以先启动变频器，后合高压真空开关，使电极下降。当首根电极触及炉料时，弧压信号为零，此时弧流也为零，首根电极停止下降；当第二根或第三根电极触及炉料后，迅速产生工作短路电流，相应相电极升起，当电极电流都到了设定电流时，电极停止升降，电弧稳定燃烧。

2. 小偏差信号时的调节过程

当弧流偏离设定值时，系统根据偏差信号的极性与幅值大小确定电极升降方向和速度，此时根据 PID 调节规律工作，当弧流大于设定值时，电极缓慢上升；当弧流小于设定值时，电极缓慢下降。

3. 大偏差信号时的调节过程

当弧流偏离设定值过大时，如发生塌料或电极短路时，电极快速上升，此时调节器工作在快速上升区域；而当某相断弧时，电极快速下降，此时调节器工作在快速下降区域。

4. 手动控制升降电极

在运行中，当需要人工干预时，可操作手动升降开关，使三相电极同时提升或下降，或某相电极上升或下降。

5. 弧流设定值面板设定

在运行中，可在线修改电流设定值，升降速度参数，以及非作用区参数等。

2.2.3 电弧炉变压器

电弧炉变压器是电弧炉的主要电气设备之一，其作用是将输入的高压降低后输出，产生大电流供电弧炉使用。

2.3 水冷系统

电弧炼钢炉在冶炼过程中，钢水辐射出大量的热量，为了防止高温对电炉设备的损害，必须要对设备关键部位（炉盖、炉门、横臂、水冷电缆、升降电机）进行降温，同时变压器长时间超负荷使用，也产生大量热量，需要对变压器油温进行降温。针对此现状，电炉普遍采用循环水冷系统带走热量，达到降温目的。

中车眉山车辆有限公司电弧炼钢炉水冷系统主要分为两个子系统（见图2-1）。其中一个为炉前冷却水系统，依靠4#、5#、6#水泵从大水池中抽冷却水到电炉，用于对炉门、炉盖，横臂、水冷电缆、升降电机降温，循环水带走热量后，回水到回水池中；7#、8#水泵将回水池中的水抽至大水池上的两个冷却塔进行冷却；另一系统为变压器油温冷却水冷系统，依靠2#、3#水泵从小水池抽冷却水到1#、2#水箱分别对1#变压器和2#变压器降温，循环水带走热量后，回水回到小水池。同时依靠1#水泵从小水池抽水通过新增小冷却塔进行冷却，同时在2#水泵管路开设旁通依靠2#水泵从小水池抽冷却水进行除尘风机轴承座冷却。水泵组设备使用维护说明见表2-1。

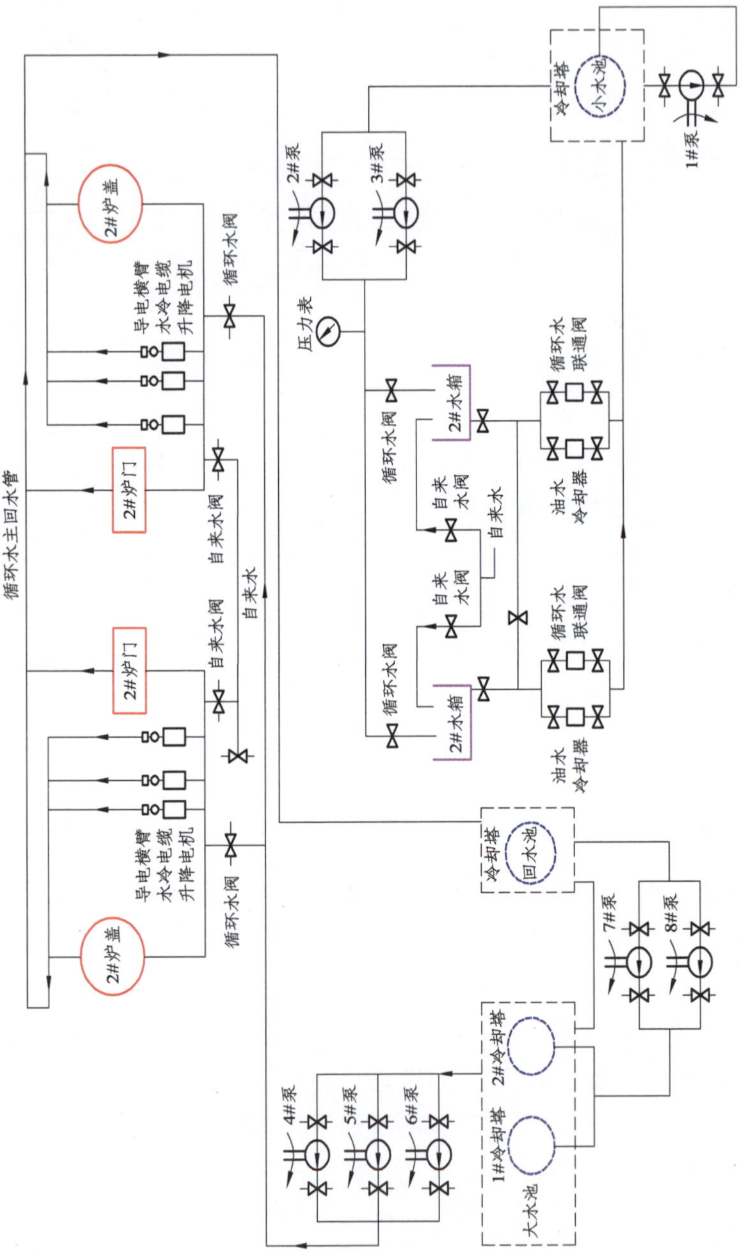
循环水主回水管
2#炉盖
2#炉门
导电横臂
水冷电缆
升降电机
循环水阀
自来水阀
自来水
冷却塔
小水池
1#泵
2#泵
3#泵
压力表
2#水箱
油水
冷却器
循环水
联通阀
回水池
7#泵
8#泵
1#冷却塔
2#冷却塔
大水池
4#泵
5#泵
6#泵

图 2-1 水冷系统

表 2-1　水泵设备使用维护说明

<table>
<tr><th>设备</th><th>作用</th><th>使用方法</th><th>维护办法</th></tr>
<tr><td>1#
凉水塔</td><td rowspan="2">将大池子的水冷却，以便对炉盖降温</td><td rowspan="2">至少要开启7#泵或8#泵其中的一台，并且同时开启冷却风机。
（当水温高且有两台炉同时使用时，两台凉水塔同时打开，并且把7#、8#泵同时打开，且务必开启冷却风机。）</td><td rowspan="3">观察凉水塔洒落的水比较集中，而且用手感知温度较高，则凉水塔已经有问题，通知检修</td></tr>
<tr><td>2#
凉水塔</td></tr>
<tr><td>小凉
水塔</td><td>给小水池中的水降温，以便能对变压器冷却油降温</td><td>当配电室监测到变压器的油温已经达到53°C时立即通知水泵组人员开启1#泵并开启冷却风机。开启1.5 h即可关闭1#泵和冷却风机</td></tr>
<tr><td>1#泵</td><td>将小池子的水抽入小凉水塔冷却</td><td></td><td rowspan="6">1. 平时工作中，需要经常检查水压表显数是否在正常范围（4#、5#、6#水泵水压表显示水压要在 0.25~0.3 MPa）。
2. 平时工作中，经常检查大水池和小水池的回水是否正常，回水太少要及时通知检修。
3. 各个水阀要定期抹黄油，水泵要定期加油。</td></tr>
<tr><td>2#泵</td><td rowspan="2">将小池子的水抽入变压器冷却水水塔</td><td rowspan="2">至少保证其中一台在工作中。另外一台作为备用</td></tr>
<tr><td>3#泵</td></tr>
<tr><td>4#泵</td><td rowspan="3">向电炉炉盖供应冷却水</td><td rowspan="3">平时只要从电炉开始运行之后，就至少要保证其中一台能正常运行，其他两台作为备用。每台泵连续运行一个星期后，使用另外一台。放假的时候，要等到炉盖温度降下之后关闭</td></tr>
<tr><td>5#泵</td></tr>
<tr><td>6#泵</td></tr>
</table>

续表

<table>
<tr><th>设备</th><th>作用</th><th>使用方法</th><th>维护办法</th></tr>
<tr><td>7#泵</td><td rowspan="2">将大池子内的水抽到1#，2#凉水塔冷却</td><td rowspan="2">使用一台凉水塔时，开启一台泵。使用两台凉水塔时，开启两台泵</td><td rowspan="2">4. 4#、5#、6#泵其中一台长期使用后，可以换另外一台。各个备用泵要保证能够正常使用，如有问题及时通知检修处理。
5. 放假结束之后，要立即对大水池补水，保证水面高度高于水池中横梁高度，然后开启7#或8#水泵，凉水塔中才能有足够的水流量。当1#或2#凉水塔已经正常使用后，不可再反复大量补水，以免水过多从水池裂缝中漏出。</td></tr>
<tr><td>8#泵</td></tr>
<tr><td colspan="4">应急处理：
1. 当2#、3#泵同时不能使用时，开启变压器室外水塔的自来水水阀补水。
2. 当7#、8#水泵同时不能使用时，只开启1#、2#凉水塔的其中一台，打开4#、5#、6#出水的另一个水阀，并打开4#、5#、6#水泵的其中两台，使压力到达0.25~0.3 MPa。
3. 当4#、5#、6#泵同时不能正常使用时，开启炉前自来水水阀，同时关闭循环水进水水阀。</td></tr>
</table>

2.4 除尘系统

电弧炉在冶炼工程中，特别是熔化期和氧化期，会产生大量的烟尘，污染环境、腐蚀厂房、危害职工身体健康。为此，电弧炉在投用时必须配备相应的除尘设备。目前，小型电弧炉除尘系统依据捕集方式不同，有全密闭、半密闭、炉顶回转吸罩、屋顶罩和炉顶侧吸罩等。其中全密闭、半密闭罩捕集率可达到95%以上。

中车眉山车辆有限公司原采用回转吸罩捕集，其捕集率不能满足现有环保要求，通过更新改造，采用半密闭罩捕集，在电炉冶炼时，半密闭罩合拢捕集电炉烟气，经风管进入低压脉冲袋式除尘器，烟尘滤除，过滤后的气体经主风机从排气管进入大气，捕集率达到95%以上，排气浓度≤10 mg/Nm³，完全满足现有环保要求。

2.5 常见故障处理

2.5.1 电极横臂升降系统改造

1. 改造前现状

改造前电极横臂的升降采用齿条传动，如图 2-2 所示在实际使用中，齿条传动存在以下几方面的缺点：

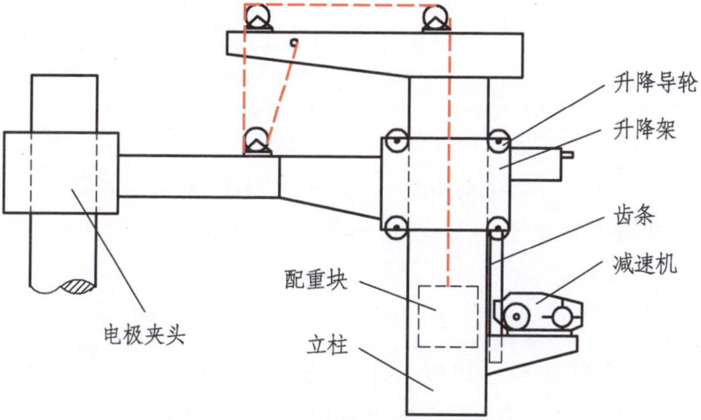

图 2-2 改造前电极横臂的升降机构

（1）齿条的支点位置不处于横臂的重心位置，在导轮与立柱间存在间隙时，会造成电极瞬间反向动作（俗称“点头”），冲击电流过大而造成设备损坏，出现电极夹头打弧及电极折断现象。

（2）升降机构中，从减速箱与齿条和横臂的传动过程，一直处于刚性连接，一旦出现设备故障，机械破坏严重，经常造成减速箱齿轮与齿条同时损坏，维修工作量大，维修成本也高。

2. 改造方案

将齿条传动改为用钢丝绳传动，如图 2-3 所示。

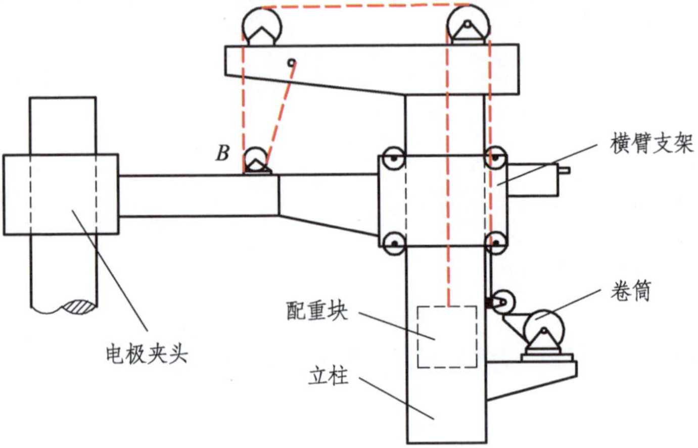

图 2-3　齿条传动改为钢丝绳传动

将刚性连接改为柔性连接。改造之后，横臂支架的升降与微机柜的升降指示保持同步，避免了冲击电流的破坏。电极折断现象得很大改善，变压器运行平稳，机械故障大为减少。

2.5.2　水冷夹头产生打火

1. 故障现象及原因分析

电弧炉水冷夹头圆弧面和电极圆弧接触面在高温和粉尘的双重作用下易生成氧化皮，在电极松夹调整过程中，由于氧化皮太多，使两配合接触面产生虚连，送电生产后产生打火（见图 2-4）。而水冷夹头一旦产生打火，就会使夹头接触面凸凹不平，产生局部接触或者虚联，还会使夹头缺损，导致电极偏离，击穿炉墙，引起频繁修炉，更换炉体。

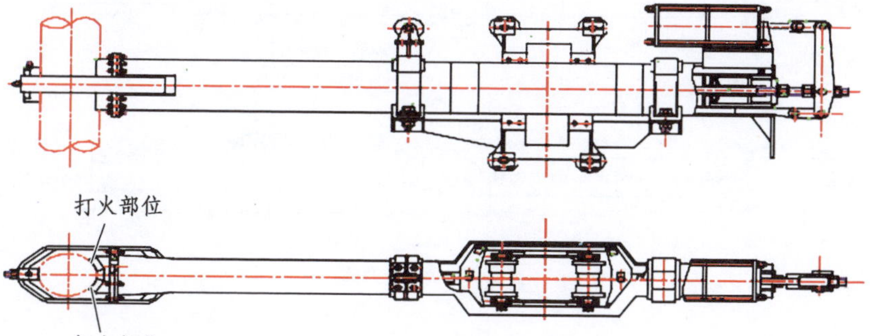

图 2-4　故障现象

2. 解决方案

在每个电弧炉横臂水冷夹头上安装一根吹风管，要求和松夹风缸同步，当松夹电极时，吹风管及时清除电弧炉水冷夹头和电极工作面的氧化皮和粉尘，确保两接触面夹紧后不会产生虚连，从而避免送电生产后再产生打火（见图 2-5）。

考虑到吹风管需耐高温氧化腐蚀、不导磁、热变形小的要求，因此采用 ϕ20×2 mm 不锈钢管来制作吹风管的管路；大臂为导电体，使用石棉绝缘板配合不锈钢板，在离大臂100 mm 处作为固定支撑吹风管的材料；考虑到钢管热传递性能，在吹风管前段部分加套云母空心管进行隔热；为了更好更快清除电弧炉水冷夹头圆弧面和电极圆弧接触面的氧化皮及粉尘，专门制作了一个圆弧分叉管路，用两点对准电弧炉水冷夹头圆弧面和电极接触面；为增加风力，把两吹风口压扁到8 mm 厚、30~35 mm 宽；为防止管路前部歪斜，在固定管路时，对称焊接两个 ϕ5不锈钢焊条，并紧贴石棉绝缘板上下两面压紧紧固；为了保证吹风管的来风与松夹风缸同步，设计制作一个 ϕ20 mm 直径的三通，一面安装在主风管上，另两个分别安装在风缸和吹风管上（见图2-6）。

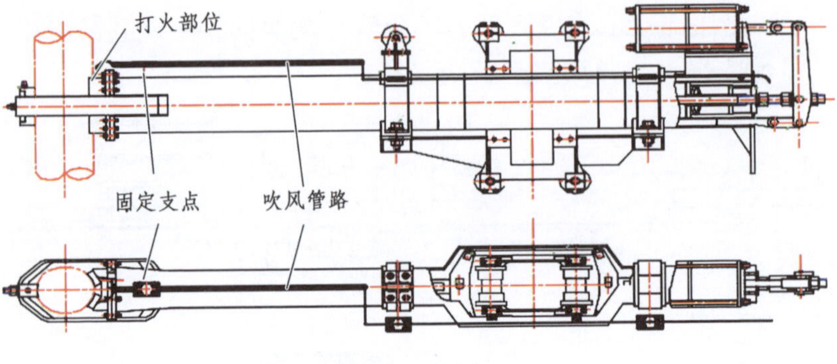

图 2-5 解决方案

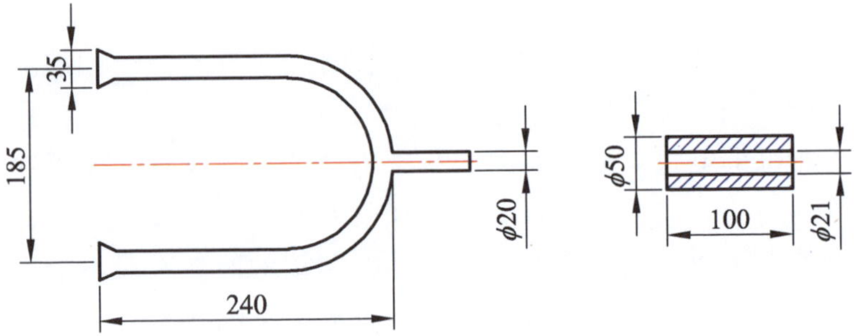

图 2-6 解决方案（单位：mm）

2.5.3 液压系统油温升高

1. 液压系统设计不合理

（1）液压系统负载过大。

电机启动后，油泵输出压力油，压力油经单向阀进入系统油路，系统额定压力为4 MPa。当液压系统的执行元件（倾炉油缸、旋转油缸、旋转插销、炉盖升降油缸）工作时液压，系统内部压力因执行元件的动作而降低，压力为2.5 MPa。但是当液压系统执行元件结束工作或不工作时，油泵输出的压力油在超过系统额定压力4 MPa 时，经溢流阀（YF-B32ha）溢流回油箱，系统负载压力保持在4 MPa，造成油路和油泵长期处于负载运转中，溢流阀频繁开启，液压系统长时间高压卸荷而使压力油温度升高，同时也降低了油泵的使用寿命（见图2-7）。

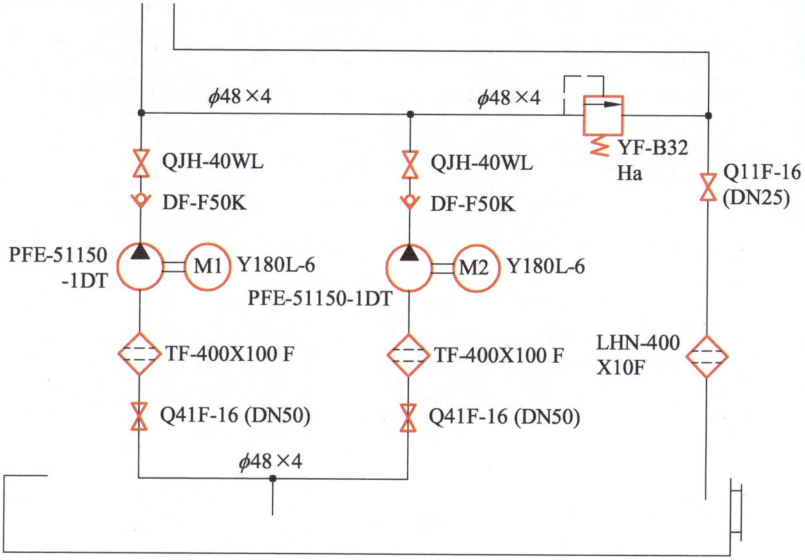

图 2-7　液压系列负载过大

解决措施：

在液压系统的压力控制回路上增加一个二位二通电磁换向阀（22D-10BH），使其与溢流阀远端控制口相联。当液压系统执行元件不工作时，电磁换向阀处于常通状态，控制溢流阀打开，油泵输出的压力油经溢流阀直接回流到油箱，泵和油路处于无负载运转。当液压系统的执行元件工作时，电磁换向阀得电换向，电磁换向阀处于常闭状态，溢流阀不受电磁换向阀控制，溢流阀正常卸荷。这样不仅避免了液压系统中油路、油泵、溢流阀等液压元件承受过高的负载压力，降低了液压系统油液的温度，同时还延长了油泵的使用寿命（见图 2-8）。

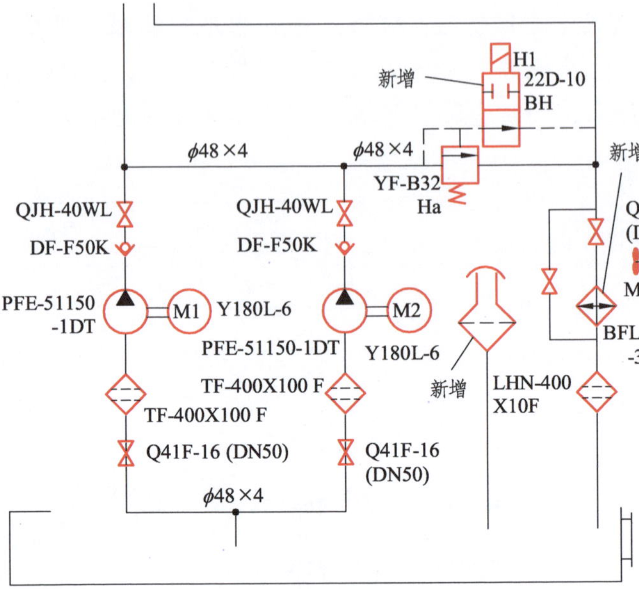

图 2-8 液压系统负载过大解决措施

（2）系统无油液冷却装置。

液压系统的冷却器是在液压油油箱的散热面积不够时添加的冷却液压油的装置。电弧炉的液压系统油温一直都比较高，光靠油箱的散热不能满足液压油降温的需要，造成了油液温度的升高。

解决措施：

在液压站上增设了一台风冷式冷却器（见图 2-5），加强了系统油液冷却的能力，降低了油温。冷却器在使用过程中要注意保养和维护，经常清扫冷却器表面的油泥和灰尘，否则会降低冷却器的冷却效果。发现冷却器故障应立即排除，恢复冷却器的正常工作。

2. 液压元件故障或使用不当

（1）液压油的变质。

① 设备在运转过程中，液压传动中零件自身的摩擦，元件

与液压油之间的摩擦以及液压油之间的摩擦，造成了液压油的失效变质，会引起油温升高。

② 液压油变质之后，将使油泵的容积效率降低，并破坏相对运动表面间的油膜，使摩擦损失增加，引起油温升高。

③ 液压油在使用过程中，会发生乳化变质，乳化的液压油含有空气，经过运动压缩后产生大量的热量，引起液压系统局部过热，使液压油温度升高。

④ 液压油在使用一段时间后，黏度将发生变化，黏度过高，增加了油液流动时的能量损失，引起油温升高，黏度过低，系统内泄漏就会增多，同样使油温升高。

⑤ 工作现场环境恶劣，系统在工作时极易混入杂质和污染物，当这样的液压油进入到油泵或阀的配合间隙中，会划伤和破坏配合表面的精度和粗糙度，使泄漏增加，油温升高。

解决措施：

首先电弧炉液压系统在工作1000小时后应定期换油，换油时要放尽油箱、整个系统管路、工作回路中的旧油，还要多油箱管路进行清洗。清洗油箱时不允许使用棉纱，加新油时采用120目以上的滤油网过滤液压油，油量应加到油箱规定高度，使油液有足够的循环冷却条件。当液压油呈乳白色时，说明液压油已经变质，必须及时更换液压油。液压油变质的程度在没有测试仪器的情况下，可用目测法和比色法进行检测。目测法就是通过看液压油的颜色，嗅液压油的味道，摸液压油的光滑度来估测它的变质程度。也可用两只洁净的玻璃瓶，一只装待测液压油，另一只装新的液压油，将两只瓶子对着阳光看，来估计液压油的变质程度。比色法是指将一定体积油样中的污染物用滤纸过滤出来，然后根据滤纸颜色来判断液压油的变质程度，从而确定是否换油。在进油口新增自吸式吸油过滤器（见图2-2），滤除液压油中的杂质。其次要做好油箱的防尘措施，防止污染物进入油箱，保持液压油的清洁，这样才能延长液压元件的使用寿命，保证液压系统的工作可靠性。

（2）液压系统中混入空气。

空气侵入到液压系统的不良影响有：

① 使液压油具有一定的压缩性，致使系统产生噪声、振动和引起运动部件的爬行，破坏了系统工作的平稳性。

② 易使油液氧化变质，降低液压油的使用寿命。

解决措施：

① 空气由油箱进入系统的机会较多。如油箱油量不足；液压泵吸油管侵入油中太短；回油管没有插入油箱，使回油冲击油面和箱壁，在油面上产生大量气泡，使空气与液压油仪器吸入系统；液压泵吸入空气都是空气进入液压系统的原因。因此，油箱的油面要经常检查，使其保持有足够的亮度；吸油管和回油管应保证在最低油面以下，两者要有隔板隔开。

② 油管与油管、油管与液压元件之间的密封性能不好，外界空气就会侵入液压系统内。因此各个密封部件应使用性能良好的密封装置，管接头和各个接合面的螺栓应拧紧。

③ 液压缸上应设有排气装置，以排除系统中的空气。

（3）吸油滤网堵塞。

泵的吸油滤网如果堵塞，会使吸油阻力变大，以致吸油管路中压力过低，油泵的吸油腔中的液压油不能全部充满空间，出现气穴现象，不仅造成液压油油温的急剧升高，还会缩短泵的使用寿命。

解决措施：

定期清洗、更换滤油网。对有堵塞指示器的滤油器，应按指示情况清洗或更换滤网，滤网的性能、结构和有效期都必须符合其使用要求。

（4）油箱的油位过低。

如果油箱内油量太少，将使液压系统没有足够的流量带走其产生的热量，导致油温升高。

解决措施：

在实际操作和保养过程中，严格遵守操作规程中对液压油油位的规定，当油位过低时，应立即添加液压油。

2.5.4 电弧炉炉体倾动机构故障分析和解决措施

1. 炉体倾动工作原理

炉体倾动工作原理如图 2-9 所示（图 2.9 电控表见表 2-2）

（1）前倾。

按下电动机启动电钮，电动机驱动柱销式叶片泵（PFE-51150-1DT）输出液压油。按下倾炉电钮，电磁换向阀（22D-BH）、三位四通电液换向阀（34DYO-B32H-T）H1、H2得电，液压站液压系统升压，（经溢流阀 YF-B32H 调定压力）一般工作压力为4~5 MPa，产生中压油。压力油顶开单向阀（DF-F50K），流过高压球阀（QTH-40WL）、三位四通电液换向阀（34DYO-B32H-T）进入左右操纵台，此时任意推动一个 O 形手动换向阀（34SO-B32H-T），压力油同时进入左右油缸，推动油缸柱塞进入工作状态。速度快慢由 O 形手动换向阀开口控制，当满足工作要求后，松开倾炉电钮和手动换向阀手柄，三位四通电液换向阀复位，二位二通电磁阀失电卸荷，油泵处于无负载运转，手动换向阀复位，前倾停止。

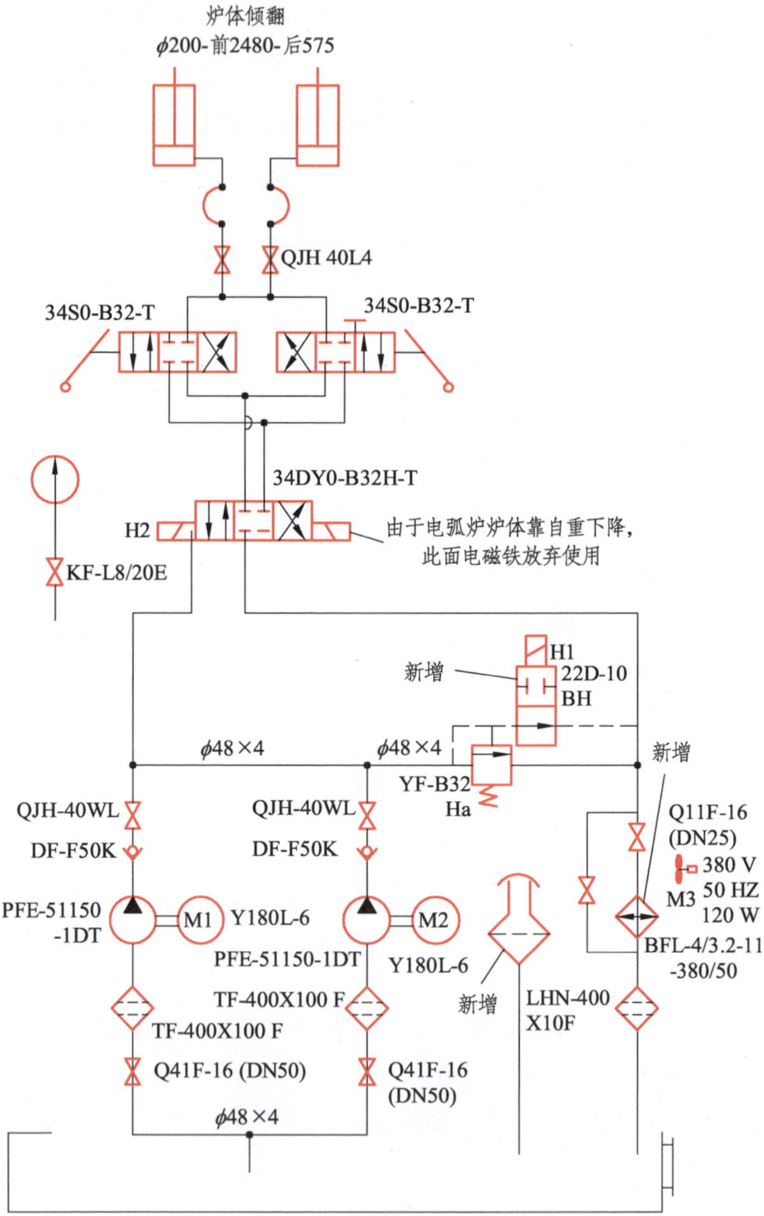

图 2-9　炉体倾动工作原理

表2-2　电控系统

动作名称	电磁铁							备　注
	M	H1	H2	H3	H4	H5	H6H7H8	
炉体倾翻	+	+	+					手动网 34S O-B 32H-T
炉体返回	+	+	+					32H-T

（2）后　坐。

按下倾炉油缸电钮，电磁换向阀（22D-10BH）、三位四通电液换向阀（34DYO-B32H-T）H1、H2得电，液压系统升压（电磁换向阀闭合、三位四通电磁阀打开），由于炉体后坐是靠自重复位，拉动O形手动换向阀（34S0-B32H-T），液压油经O形手动换向阀另一回油通道流经三位四通换向阀右面通路流入风冷式冷却器（BFL-4/3.2-11）、滤油器流回油箱，当炉体下降满足工作需要时，松开H1、H2按钮，三位四通电液换向阀复位、二位二通电磁换向阀失电、卸荷，泵又处于无负载工作状态。

2. 倾炉油缸自动上升的原因分析及解决措施

（1）分析原因。

系统有压力时，电磁换向阀阀芯未复位与手动换向阀同时串油。

（2）解决措施。

① 拆卸清洗电液换向阀、手动换向阀两个阀体及阀芯，配合情况检查，用手来回推动阀芯轻松自如，无上下轻微晃动，弹簧变形检查情况正常，一般装配后即恢复正常；如果阀芯和阀孔磨损划伤较重，则需更换阀体或阀芯，以及阀孔重新镗孔。弹簧变形，校正弹簧；弹簧断裂，更换弹簧；左、右弹簧刚度应相等，不相等，更换弹簧。

3. 倾炉油缸自动下降的原因分析及解决措施

（1）分析原因。

① 油缸、密封圈泄漏；

② 管路泄漏；

③ 电液换向阀阀芯未复位与手动换向阀同时串油；

④ 阀座泄漏。

（2）解决措施。

① 检查更换缸体及柱塞、密封圈。紧固密封圈压紧螺栓。

② 检查紧固法兰、管接，更换、焊接油管或更换紫铜垫、更换高压软管。

③ 拆卸清洗电液换向阀、手动换向阀两个阀体及阀芯，配合情况检查，用手来回推动阀芯轻松自如，无上下轻微晃动；弹簧变形检查情况正常，一般装配后即恢复正常；如果阀芯和阀孔磨损划伤较重，则需更换阀体或阀芯，以及阀孔重新镗孔。弹簧变形，校正弹簧；弹簧断裂，更换弹簧；左、右弹簧刚度应相等，不相等，更换弹簧。

④ 更换密封圈，阀座裂纹焊补。

4. 倾炉油缸产生爬行的原因分析及解决措施

（1）分析原因。

① 密封装置密封不严或损坏，系统进入空气；

② 液压泵吸空；

③ 液压元件内零件磨损，间隙过大，引起输油量和压力不足或波动；

④ 支承缸体铜套拉伤。

（2）解决措施。

① 调整密封装置，更换损坏的密封元件；

② 改善吸油条件；

③ 修复或更换磨损严重的零件；

④ 对柱塞进行精加工，修刮铜套或更换铜套。

第 3 章

冶金原辅材料

3.1 废钢铁

废钢铁，指的是钢铁厂生产过程中不成为产品的钢铁废料（如切边、切头等）以及使用后报废的设备、构件中的钢铁材料。成分为钢的叫废钢，成分为生铁的叫废铁，统称为废钢铁。

一个国家的废钢铁生产总量的多少是由钢铁产量（钢铁制品产品）和废钢积蓄量所决定的。废钢积蓄量是由历年的钢材和钢铁制品消费量的积累所形成的。而每年社会废钢的产生量又直接受到钢铁设备及钢铁设施的报废周期和钢材加工的综合利用率高低的影响。在铁矿石资源不断减少，废钢铁资源不断增多的时代，废钢铁已经成为国家重要的战略资源和经济发展的主要原材料。

3.1.1 废 铁

1. 废铁按成分分类

废铁的碳含量一般大于2.0%。Ⅰ类废铁的硫含量和磷含量分别不大于0.07%和0.40%。Ⅱ类废铁、合金废铁的硫含量和磷含量分别不大于0.12%和1.00%。高炉添加料的含铁量不小于65.0%。

2. 废铁按用途分类

废铁按用途分为熔炼用废铁和非熔炼用废铁。

熔炼用废铁按质量和形状分类，如表 3-1 所示。

非熔炼用废铁不再分类。

表 3-1　熔炼用废铁按重量和形状分类

<table>
<tr><th rowspan="2">品种</th><th colspan="3">类别</th><th rowspan="2">典型举例</th></tr>
<tr><th>A</th><th>B</th><th>C</th></tr>
<tr><td>I 类废铁</td><td rowspan="3">长度≤1000mm；宽度≤500mm；高度≤300mm</td><td rowspan="3">经破碎、熔断容易成为这类形状的废铁</td><td rowspan="3">生铁粉（车削下来的生铁屑未混入异物的生铁）及冷压块</td><td>生铁机械零部件、输电工程各种铸件、铸铁轧辊、汽车缸体、发动机壳、钢锭模等</td></tr>
<tr><td>II 类废铁</td><td>铸铁管道、高磷铁、高硫铁、火烧铁等</td></tr>
<tr><td>合金废铁</td><td>合金轧辊、球墨轧辊等</td></tr>
<tr><td>高炉添加料</td><td colspan="3">10mm×10mm×10mm≤外形尺寸≤200mm×200mm×200mm，单重≤5kg</td><td>加工压块等</td></tr>
<tr><td>渣铁</td><td colspan="3">500mm×400mm 以下或单重≤800kg，块状</td><td>大沟铁、铁水包、鱼雷罐等加工而成（含渣≤10%）</td></tr>
</table>

3.1.2　废　钢

1. 废钢成分的一般要求

（1）废钢的碳含量一般小于2.0%，硫含量、磷含量一般不大于0.050%。

（2）非合金废钢中残余元素应符合以下要求：镍不大于0.30%、铬不大于0.30%、铜不大于0.30%。除锰、硅以外，其他残余元素含量总和不大于0.60%。

2. 废钢按用途分类

废钢按其用途分为熔炼用废钢和非熔炼用废钢。

（1）熔炼用废钢。

① 熔炼用废钢按其外形尺寸和单件重量分为4个大类，如表3-2规定。

表 3-2 熔炼用废钢按其外形尺寸和单件重量分类

料型	外形尺寸及重量要求	供应状态	来源	典型举例
重型废钢	800mm×400mm以下，厚度≥6mm，单重≥3kg	块、条、板、型	外部采购	满足厚度、单重要求的批量废钢，包括：钢锭、钢坯、切头、切尾、中包铸余、冷包、重机解体类、扁状废钢、板材、圆钢、角钢、槽钢等工业用料、大型槽钢和工字钢等型钢及其切头、螺纹钢余料、钢轨头、纯工业用边角料、火车车轮和车轴、大型钢齿轮、垫板、锤、螺栓、道钉、鱼尾板、钢套、杆件、铸钢件、浇口、浇口杯、厂房钢结构件等
运输类废钢	800mm 以下	块、条	外部采购	报废车前后桥、轮毂、发动机及变速箱齿轮、曲轴，以及钢质机器零件等
汽车破碎废钢	200mm×200mm以下、堆比重≥1500kg/m^3	块、条	外部采购	报废汽车的车顶、车门、车身等原料经破碎机加工而成
自产废钢			内部自产	钢板边、钢屑等

② 各型废钢尺寸的正偏差不应大于10%。

③ 熔炼用废钢按其成分分为非合金废钢、低合金废钢和合金废钢。

（2）非熔炼用废钢不再分类。

3.1.3 技术要求

（1）废钢铁应分类。

（2）废钢铁表面无严重及剥落状锈蚀。

（3）废钢铁内不应混有铁合金；非合金废钢、低合金废钢不应混有合金废钢和废铁；合金废钢内不应混有非合金废钢、低合金废钢和废铁。废铁内不应混有废钢。

（4）废钢铁表面和器件、打包件内部不应存在泥块、水泥、粘砂、油脂、耐火材料、炉渣、矿渣以及珐琅等，打包块不应包芯、掺杂等。

（5）废钢铁中不应混有炸弹、炮弹等爆炸性武器弹药及其他易燃易爆物品，不应混有两端封闭的管状物、封闭器皿等物品。不应混有橡胶和塑料制品。

（6）废钢中不应有成套的机器设备和结构件（如有，则应拆解且压碎或压扁成不可复原状）。各种形状的容器（灌状等）应全部从轴向割开。机器部件容器（发动机、齿轮箱等）应清除易燃品和润滑剂的残余物。

（7）废钢铁中不应混有其浸出液中有害物质浓度超过《危险废物鉴别标准 浸出毒性鉴别》（GB 5085.3—2007）中鉴别标准值的有害废物。

（8）废钢铁中不应混有其浸出液中超过《危险废物鉴别标准腐蚀性鉴别》（GB 5085.1—2007）中鉴别标准值即 pH 值不小于12.5或不大于2.0的夹杂物。

（9）废钢铁中不应混有多氯联苯含量超过《含多氯联苯废

物污染控制标准》(GB13015—2017)控制标准值的有害物。

(10)钢铁中曾经盛装液体和半固体化学物质的容器、管道及其碎片等，应经过技术处理、清洗干净。进口废钢铁应向检验机构申报容器、管道及其碎片曾经盛装或输送过的化学物质的主要成分。

(11)废钢铁中不应混有下列有害物：

——医药废物、废药品、医疗临床废物；

——农药和除草剂废物、含木材防腐剂废物；

——废乳化剂、有机溶剂废物；

——精(蒸)馏残渣、焚烧处置残渣；

——感光材料废物；

——铍、六价铬、砷、硒、镉、锑、碲、汞、铊、铅及其化合物的废物，含氟、氰酚化合物的废物；

——石棉废物；

——厨房废物、卫生间废物等。

(12)废钢铁中不应夹杂放射性废物。

(13)废旧武器由供方作技术性的安全检查后按有关规定处理。

(14)非熔炼用废钢铁使用后，其制品的性能指标满足有关标准的规定，且不应对公众人身安全、财产、环保等造成隐患和危害。

3.2 生 铁

(1)炼钢用生铁牌号及化学成分应符合表3-3的规定。

(2)每块生铁的质量为2 ~ 20 kg(以10 kg 为最佳)。

(3)炼钢用生铁表面应洁净。铁块表面附有的炉渣和砂粒应清除掉，但允许附有石灰和石墨。

表 3-3　炼钢用生铁牌号及化学成分

牌号		L03	L07	L10
化学成分（质量分数）/%	C	≥3.50		
	Si	≤0.35	0.35 ~ 0.70	0.70 ~ 1.25
	Mn	≤0.40		
	P	≤0.150		
	S	≤0.030		
	Cu	≤0.30		
	Pb	≤0.01		
	Sn	≤0.05		
	As	≤0.08		

3.3 焦　炭

铸造焦炭是由炼焦煤料在高温下经裂解、缩聚、碳化等过程制成的，是冲天炉熔炼铸铁时所用的一种固态燃料。焦炭主要用于冶金工业，是高炉冶炼的重要原料，同时也被广泛用于铸造行业，少量也被化肥或燃气工业用于制造水煤气，也可应用于电弧炉炼钢操作。

铸造焦炭的理化指标应符合表3-4的规定。

表 3-4　铸造焦炭的理化指标

指标名称	指标值
块度/mm	60 ~ 120
固定碳/%	>83
水分/%	≤5.0
灰分/%	≤15
挥发分/%	≤1.50

续表

指标名称	指标值
硫分/%	≤0.8
转鼓强度/%	≥77.0
落下强度/%	≥84.0
显气孔率/%	≤45
碎焦率（<40 mm）/%	≤4.0
注：碎焦率：铸造焦炭在40 mm×40 mm 方孔筛上过筛，其筛下物占原始试样的重量比以百分数表示。	

3.4 合　金

3.4.1 锰　铁

锰铁分为电炉锰铁和高炉锰铁，目前眉山公司使用的是高炉锰铁。

（1）高炉锰铁按锰及杂质含量不同，分为4个牌号，其化学成分应符合表3-5规定。

表 3-5　高炉锰铁化学成份规定

高碳锰铁牌号	化学成分（质量分数）/%						
	Mn	C	Si		P		S
			I	II	I	II	
		≤					
FeMn78	75.0 ~ 82.0	7.5	1.0	2.0	0.20	0.30	0.03
FeMn73	70.0 ~ 75.0	7.5	1.0	2.0	0.20	0.30	0.03
FeMn68	65.0 ~ 70.0	7.0	1.0	2.0	0.20	0.30	0.03
FeMn63	60.0 ~ 65.0	7.0	1.0	2.0	0.20	0.30	0.03

（2）锰铁应呈块状交货其粒度范围应符合表 3-6 的规定。

表 3-6　锰铁粒度范围

粒度级别	粒度/mm	允许偏差/% ≤	
		筛上物	筛下物
1	20～250	3	7
2	50～150	3	7
3	10～50（或 70）	3	7
4	0.097～0.45	5	30

3.4.2　铬　铁

铬铁按含碳量不同分为微碳、低碳、中碳、高碳铬铁，目前眉山公司使用的是中碳铬铁。

（1）中碳铬铁化学成分应符合表 3-7 的规定。

表 3-7　中碳铬铁化学成分规定

牌号	化学成分（质量分数）/%									
	Cr			C	Si		P		S	
	范围	I	II		I	II	I	II	I	II
		不小于		不大于						
FeCr65C1.0	60.0～70.0			1.0	1.5		0.03		0.025	
FeCr55C1.0		60.0	52.0	1.0	2.5	3.0	0.04	0.06	0.03	0.05
FeCr65C2.0	60.0～70.0			2.0	1.5		0.03		0.025	
FeCr55C2.0		60.0	52.0	2.0	2.5	3.0	0.04	0.06	0.03	0.05
FeCr65C4.0	60.0～70.0			4.0	1.5		0.03		0.025	
FeCr55C4.0		60.0	52.0	4.0	2.5	3.0	0.04	0.06	0.03	0.05

（2）铬铁以块状交货，每块质量不应大于15 kg，尺寸小于

20 mm×20 mm 铬铁块的重量不超过铬铁总重量的5%。

（3）铬铁内部及其表面不应有目视显见的非金属夹杂物，但铸锭表面涂料不净时，允许非金属夹杂少量存在。

3.4.3 硅　铁

（1）硅铁按硅及其杂质含量（质量分数）、用途的不同分为四大类40个牌号，其中高硅硅铁9表牌号、8个牌号、高纯硅铁13个牌号。

（2）普通硅铁化学成分应符合表 3-8 规定。

表 3-8　普通硅铁化学成分规定

<table>
<tr><th rowspan="3">牌号</th><th colspan="9">化学成分（质量分数）/%</th></tr>
<tr><th rowspan="2">Si</th><th>Al</th><th>Ca</th><th>Mn</th><th>Cr</th><th>P</th><th>S</th><th>C</th><th>Ti</th></tr>
<tr><th colspan="8">≤</th></tr>
<tr><td>PG FeSi75A11.5</td><td rowspan="3">75.0～80.0</td><td>1.5</td><td>1.5</td><td rowspan="3">0.4</td><td rowspan="3">0.3</td><td>0.045</td><td>0.020</td><td>0.10</td><td rowspan="3">0.30</td></tr>
<tr><td>PG FeSi75A12.0</td><td>2.0</td><td>1.5</td><td rowspan="2">0.040</td><td rowspan="2">0.020</td><td rowspan="2">0.20</td></tr>
<tr><td>PG FeSi75A12.5</td><td>2.5</td><td>—</td></tr>
<tr><td>PG FeSi72A11.5</td><td rowspan="3">72.0～75.0</td><td>1.5</td><td>1.5</td><td rowspan="3">0.4</td><td rowspan="3">0.3</td><td>0.045</td><td rowspan="3">0.020</td><td rowspan="3">0.20</td><td rowspan="3">0.30</td></tr>
<tr><td>PG FeSi72A12.0</td><td>2.0</td><td>1.5</td><td rowspan="2">0.040</td></tr>
<tr><td>PG FeSi72A12.5</td><td>2.5</td><td>—</td></tr>
<tr><td>PG FeSi70A12.0</td><td rowspan="2">70.0～72.0</td><td>2.0</td><td>—</td><td rowspan="2">0.5</td><td rowspan="2">0.5</td><td rowspan="2">0.045</td><td rowspan="2">0.020</td><td rowspan="2">0.20</td><td rowspan="2">—</td></tr>
<tr><td>PG FeSi70A12.5</td><td>2.5</td><td>—</td></tr>
<tr><td>PG FeSi65</td><td>65.0～70.0</td><td>3.0</td><td>—</td><td>0.5</td><td>0.5</td><td>0.045</td><td>0.020</td><td>—</td><td>—</td></tr>
<tr><td>PG FeSi40</td><td>40.0～47.0</td><td>—</td><td>—</td><td>0.6</td><td>0.5</td><td>0.045</td><td>0.020</td><td>—</td><td>—</td></tr>
</table>

（3）采用铁模浇注方式生产的 FeSi72 ~ FeSi75系列各牌号硅铁厚度不得超过100 mm；FeSi40、FeSi65、FeSi70锭厚度不得超过80 mm；或硅铁采取直接成型浇注工艺，硅含量的偏析不大于3.0%。

（4）硅铁以块状、粒状或粉状等供货，硅铁供货粒度应符合表 3-9 规定。

表 3-9　硅铁供货粒度规定

级别	规格/mm	筛下物（质量分数）/%	筛上物（质量分数）/%
		粒度下限值	2边或3边长度不超过粒度上限的1.15倍的量
自然块	—	小于 20mm×20mm 的质量≤8	—
加工块	10 ~ 50	≤6	≤5
硅粒	3 ~ 10	≤6	≤5
硅粉	0 ~ 3	—	≤5
	0 ~ 1	—	≤10

3.4.4　镍　板

（1）电解镍的化学成分应符合表 3-10 的规定。

（2）电解镍均应洗净表面及夹层内电解液，表面洁净，无污泥油污等。

注：Ni9950、Ni9920 牌号可为不定形电解镍产品。

（3）Ni9999、Ni9996、Ni9990 牌号电解镍应符合以下规定。

① 电解镍平均厚度不应小于3 mm。

② 电解镍边缘不得有树枝状结粒及密集气孔（允许修整）。

③ 电解镍表面不得有直径大于3 mm 的密集气孔，直径3mm 密集气孔区总面积不得超过镍板单面面积的15%。

④ 电解镍表面高度不大于3mm 的密集结粒区总面积不得超过镍板单面积15%。

注：25 mm×25 mm 镍板面积上有9个以上气孔或结粒称为密集气孔或密集结粒区。

表 3-10 电解镍的化学成分规定

牌号			Ni9999	Ni9996	Ni9990	Ni9950	Ni9920
化学成分（质量分数）	（Ni+Co）不小于/%		99.99	99.96	99.90	99.50	99.20
	Co/%，不大于		0.005	0.02	0.08	0.15	0.50
	杂质含量/%，不大于	C	0.005	0.01	0.01	0.02	0.10
		Si	0.001	0.002	0.002	—	—
		P	0.001	0.001	0.001	0.003	0.02
		S	0.001	0.001	0.001	0.003	0.02
		Fe	0.002	0.01	0.02	0.20	0.50
		Cu	0.0015	0.01	0.02	0.04	0.15
		Zn	0.001	0.0015	0.002	0.005	—
		As	0.0008	0.0008	0.001	0.002	—
		Cd	0.0003	0.0003	0.0008	0.002	—
		Sn	0.0003	0.0003	0.0008	0.0025	—
		Sb	0.0003	0.0003	0.0008	0.0025	—
		Pb	0.0003	0.0015	0.0015	0.002	0.005
		Bi	0.0003	0.0003	0.0008	0.0025	—
		Al	0.001	—	—	—	—
		Mn	0.001	—	—	—	—
		Mg	0.001	0.001	0.002	—	—
注：镍加钴含量由100%减去表中所列元素的含量而得。							

3.4.5 钼 铁

（1）钼铁按钼和杂质含量不同，分为六个牌号，其化学成分应符合表 3-11 的规定。

表 3-11 钼铁化学成分规定

牌号	化学成分（质量分数）/%							
	Mo	Si	S	P	C	Cu	Sb	Sn
FeMo70	65.0～75.0	2.0	0.08	0.05	0.10	0.5		
FeMo60-A	60.0～65.0	1.0	0.08	0.04	0.10	0.5	0.04	0.04
FeMo60-B	60.0～65.0	1.5	0.10	0.05	0.10	0.5	0.05	0.06
FeMo60-C	60.0～65.0	2.0	0.15	0.05	0.15	1.0	0.08	0.08
FeMo55-A	55.0～60.0	1.0	0.10	0.08	0.15	0.5	0.05	0.06
FeMo55-B	55.0～60.0	1.5	0.15	0.10	0.20	0.5	0.08	0.08

（2）钼铁以块状或粒状交货，其粒度应符合表 3-12 的规定。

表 3-12 钼铁粒度规定

<table>
<tr><th rowspan="2">粒度级别</th><th rowspan="2">粒度/mm</th><th colspan="2">粒度偏差（质量分数）/%</th></tr>
<tr><th>筛上物</th><th>筛下物</th></tr>
<tr><td>1</td><td>10～150</td><td rowspan="4">≤5</td><td rowspan="3">≤5</td></tr>
<tr><td>2</td><td>10～150</td></tr>
<tr><td>3</td><td>10～50</td></tr>
<tr><td>4</td><td>3～10</td><td></td></tr>
</table>

3.5 造渣料

3.5.1 冶金石灰

（1）冶金石灰理化指标应符合表 3-13 要求。

表 3-13 冶金石灰理化指标

类别	品级	CaO /%	MgO /%	SiO_2 /%	S/%	灼烧 /%	活性度（4mol/mL）40±1℃，10 min
普通冶金石灰	三级	≥80.0	≤5.0	≤5.0	≤0.20	≤9	≥180

（2）块度为20～100 mm。其中块度小于20 mm 部分的质量百分数不大于10%；块度大于100 mm 的质量百分数不大于10%；允许最大块度为120 mm。

（3）保持干燥，并去除熔瘤、焦炭等杂物。

3.5.2 萤 石

（1）萤石的理化指标应符合表 3-14 规定。

表 3-14 萤石的理化指标

品级	化学成分/%				粒度/mm
	CaF_2	杂质不大于			
	不小于	SiO_2	S	P	
二级品	90.0	9.0	0.10	0.06	5～50
三级品	85.0	14.0	0.15	0.06	5～50

（2）电弧炉炼钢工艺要求的使用粒度为5～50 mm，其中小于5 mm，大于50 mm 者的量分别不得大于5%。正常采购粒度为6～200 mm，其中小于6 mm 者不得大于5%，大于200 mm 者不得大于10%。

（3）块矿中不得混入泥土、废石等外来杂质，炼钢工艺要求含水量应小于1%。

3.6 氧化剂

（1）铁矿石的化学成分等应符合表 3-15 的规定。

表 3-15 铁矿石化学成分规定

化学成分	质量分数/%
Fe	≥55
SiO_2	<8
S	<0.1
P	<0.1
H2O	<0.5

（2）铁矿石块度应为30～100 mm 块度小于30 mm 部分的重量不应超过总重量的10%。

（3）铁矿石应干燥、洁净，不应混有泥沙废石及其他杂质。

3.7 脱氧剂

（1）碳化硅复合脱氧剂型号及化学成分应符合表 3-16 的规定。

表 3-16 碳化硅复合脱氧剂型号及化学成分

型号	化学成分/%				
	SiC	C	SiO_2	S	H_2O
SiC60	≥60	≤20	≤15	≤0.3	≤0.5

（2）碳化硅复合脱氧剂按色泽分为黑碳化硅和绿碳化硅两大类。

（3）碳化硅复合脱氧剂的粒度：0 ~ 3 mm，其中0.5 ~ 3 mm者不少于75%，0 ~ 0.5 mm 者不超过23%，大于3 mm 者不超过2%。

3.8 电 极

（1）电极的直径及长度应符合表 3-17 的规定。

表 3-17 电极的直径及长度规定 单位：mm

公称直径	实际直径			公称长度
	最大	最小	黑皮部分最小	
300	307	302	299	1600/1800/2000/2200

（2）电极表面掉块或孔洞不应多于两处，其尺寸不得超过表 3-18 的规定。

表 3-18 电极表面掉块或孔洞尺寸 单位：mm

项目	公称直径（250 ~ 400）
直径	20 ~ 30（<20 不计）
深度	5 ~ 10（<5 不计）

① 接头、接头孔及距孔底100 mm 以内的电极表面，不允许有孔洞和裂纹。

② 接头和接头孔螺纹的掉块，直径不小于250 mm 的电极和接头，其掉块不多于一处，长度不大于30 mm；直径不大于225 mm 的电极和接头，其掉块不多于1处，长度不大于20 mm。

③ 电极表面不允许有裂纹。

④ 电极表面的黑皮面积：宽度小于电极周长的十分之一；长度小于电极长度的三分之一。

3.9 炉体 钢包的冶金耐火材料

3.9.1 耐火材料主要性能

1. 耐火度

耐火材料在无荷重时，抵抗高温作用而不熔化的性能，称为耐火度。

2. 热稳定性

耐火制品抵抗温度急剧变化（急热或急冷）而不破坏的性能，称为耐火材料热稳定性。

3. 抗渣性

耐火材料在高温下抵抗熔渣侵蚀的能力，称为抗渣性。

4. 密 度

单位体积（包括气孔）材料的质量即为密度，以“g/cm^3”表示。

5. 真密度

耐火材料在110 °C温度干燥后的质量与其真体积（试样总体积与试样中孔隙所占体积之差）之比，称为耐火材料的真密度，以“g/cm^3”表示。

6. 显气孔率（或称为开口气孔率）

即耐火制品中与大气相通的孔隙（开口孔隙）的体积与制品总体积的百分比；

7. 吸水率

耐火材料开口气孔中所填充的水的质量与该材料干燥后质量的百分比，称为吸水率，以“%”表示。

8. 透气度

在一定的压差下，气体透过耐火制品的程度，称为透气度，计量单位 μm^2。即在1 Pa 的压差下，粘度为1 Pa·s 的气体透过面积为 1 m^2，厚 1 m 制品的气体体积流量为 1 m^3/s 时，透气度为 1 m^2，该值的10^{-12}即为1 μm^2。

9. 荷重软化温度

耐火制品在高温和恒定压负荷条件下，产生一定变形时的温度叫荷重软化温度。

10. 耐压强度

单位面积试样所能承受的极限载荷叫耐压强度，以“MPa”表示。在 室温（或高温）下测定的试样的耐压强度叫常温耐压强度（或高温耐压强度）。重烧线变化：耐火制品加热至一定温度，冷却后制品长度不可逆的增加或减小，称为重烧线变化，以“%”表示。正号“+”表示膨胀，负号“-”表示收缩。

11. 抗氧化性

含碳耐火材料在高温下抵抗氧化的能力，称为抗氧化性。

12. 热膨胀系数

当温度升高1K（1 °C）时，物体的长度或体积的相对增长率叫热膨胀系数，单位为1/K 或1/ °C。

13. 抗折强度

单位截面积试样承受弯矩作用直至断裂的应力叫抗折强

度，以“MPa”表示。在室温（或高温）下测定的试样的抗折强度，叫常温抗折强度（或高温抗折强度）。

14. 高温蠕变性

在高温条件下，承受应力作用的耐火制品随时间变化而发生的等温变形，称为高温蠕变性。

15. 耐火材料的种类

（1）中性耐火材料。

中性耐火材料包括黏土砖、高铝砖及黏土质耐火泥等。

黏土砖：黏土砖是由耐火黏土或高岭土（$Al_2O_3 \cdot 2SiO_2 \cdot 2H_20$）在高温下焙烧后经研磨成粉（熟料），再加入黏土为黏结剂，成坯后烧成砖。

高铝质耐火砖：Al_2O_3的质量分数在48%以上的砖属于高铝质耐火砖。

（2）碱性耐火材料。

碱性耐火材料包括镁砂、镁质与镁硅质耐火砖、镁碳质耐火砖等。

（3）镁砂。

镁砂是以氧化镁（MgO）为主要成分的耐火材料。

（4）镁质耐火砖。

镁质耐火砖是以氧化镁为主要成分的耐火砖。

（5）镁碳砖。

镁碳砖是以电熔镁砂［$w(MgO) \geqslant 98\%$］和天然鳞片状石墨为主要原料，以酚醛树脂为粘结剂而制成的耐火砖。

3.9.2 管理要求

（1）耐火材料在运输、保管、使用过程中不得产生对人体、钢水和铸件有害的物质。

（2）各用料单位提报年度计划、物资采购部门对外采购或招标时，除须提出材料的名称、用量外，还须标明所需材料的牌号、规格。

（3）各种耐火材料必须由质量检验部门按照程序文件检验合格后才能验收。

（4）若进厂的各种耐火材料经过检验不合格时，则按《不合格控制程序》进行处理。

（5）进厂的各种耐火材料，必须经过工艺技术部进行工艺验证。不允许材料使用部门、采购部门和质量检验部门随意更改材料所用标准、牌号、供货厂家及检验方法，如需更改材料所用标准、牌号、供货厂家及检验方法，必须经工艺技术部确认和验证。

（6）镁碳砖、烧成（结）镁碳砖制造方必须具备由国家质量监督检验总局颁发的耐火材料生产许可证。

（7）每种耐火材料的理化指标每年抽检一次。

3.9.3 技术要求

1. 镁-碳砖

（1）牌号：MT-14A、MT-14B、MT-14C。

（2）规格：

MT-14A：400×150×100、400×150×120/70、400×150×70；MT-14B：450×150×120/70、450×150×100、450×150×70、300×200×100；

MT-14C：300×150×100/70、300×150×100。

（3）理化指标应符合表 3-19 规定。

（4）砖的尺寸允许偏差和外观应符合表 3-20 的规定。

（5）每个炉体用料应为同一厂家配套采购和使用。

表 3-19　理化指标规定

项　目	指　标		
牌　号	MT14A	MT14B	MT14C
MgO/%	≥76	≥74	≥74
C/%	≥14	≥14	≥14
显气孔率/%	≤4	≤5	≤6
体积密度/(g/cm^3)	≥2.90	≥2.82	≥2.77
常温耐压强度/MPa	≥40	≥35	≥25
高温抗折强度 (1 400℃，30 min)/MPa	≥12	≥8	≥5
抗氧化性	提供实测数据		

表 3-20　砖的尺寸允许偏差和外观规定　　单位：mm

项目			指标
尺寸允许偏差	尺寸	<200	±1
		201～300	±1.5
		>300	±2
扭曲	长度	≤500	≤1
		>500	≤1.5
缺角深度			≤6
缺棱深度			≤4
裂纹	宽度	≤0.25	不限制
		>0.25	不准有
相对边差（宽、厚）			≤1
断面层裂			不准有

（6）检验规则：

① 供方应提供产品出厂主要检验数据和合格单。

② 检验方法按《美碳砖》(GB/T 22589—2017）执行。

③ 每5炉体为一检验批次；不够5炉，按一批次抽检。每种规格抽取一块检验基本尺寸，目测扭曲及裂纹，检验不合格，应加倍取样复检。

注：① 抗氧化性的检验，每5批产品应向用户提供一批产品的检验结果。

② 高温抗折强度检验的6个试样中，允许有2个结果低于技术要求的规定，但平均值应不低于技术要求的规定。

2. 整体式U型出钢槽

（1）型号：MSZTS-U-1。

（2）规格（见图 3-1）。

（3）材料：碱性耐火材料。

（4）整体式出钢槽制造不能用水玻璃作黏接剂。

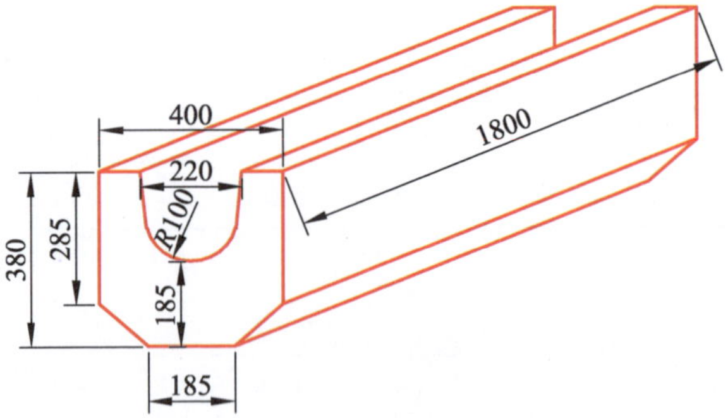

图 3-1 整体式U型出钢槽

（5）理化指标应符合表 3-21 的规定。

表 3-21　理化指标规定

项　目	Al_2O_3/%	体积密度/（g/cm^3）	耐压强度/MPa	耐火度
指　标	≥70	≥2.8	≥35	≥1750℃

（6）外观质量：槽内平整光滑、无坑无坎、无熔洞无裂纹、无缺角无缺棱。

（7）长度偏差：±5 mm，其余尺寸偏差：±2 mm。

（8）使用方式：一次性使用，不修补。

（9）使用寿命：≥100 炉。

（10）检验规则：

① 随产品附带质量保证书，合格证。

② 每10件为一检验批次；不够10件，按一批次抽检。每批抽检一件检验基本尺寸，检验不合格，应加倍复检。

③ 使用寿命指标根据现场使用情况实际验证。

（4）外观尺寸检查方法按《定形耐火制品尺寸、外观及断面的检查方法》（GB/T10326—2016）执行。

3. 炉门砖

（1）材质：刚玉尖晶石。

（2）规格（见图 3-2）。

（3）理化指标：耐火度≥1750℃。

（4）外观质量：表面平整光滑、无坑无坎、无熔洞无裂纹、无缺角无缺棱。

（5）尺寸偏差：±2 mm。

（6）使用方式：一次性使用，不修补。

（7）使用寿命：≥100 炉。

（8）检验规则：

① 随产品附带质量保证书，合格证。

② 每10件为一检验批次；不够10件，按一批次抽检。每批

抽检一件检验基本尺寸，检验不合格，应加倍复检。

③ 使用寿命指标根据现场使用情况实际验证。

④ 外观尺寸检查方法按《定形耐火制品尺寸、外观及断面的检查方法》（GB/T10326—2016）执行。

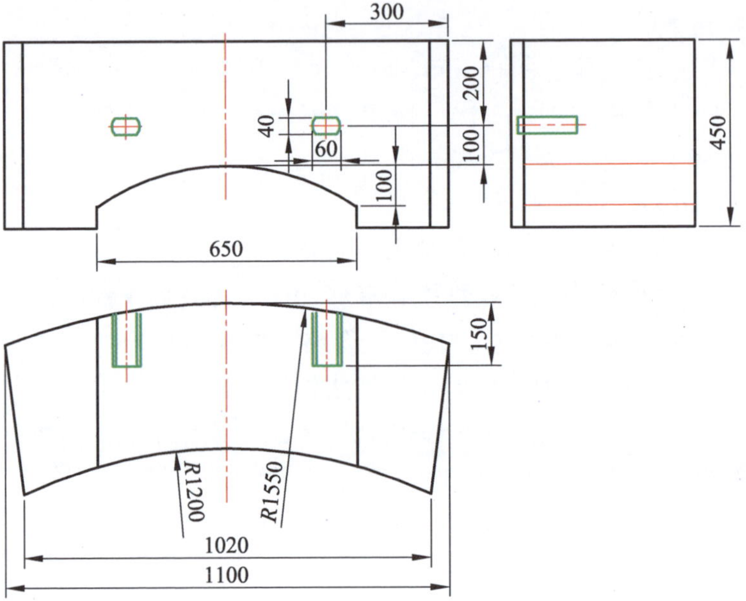

图 3-2　炉门砖

4. 烧成（结）镁砖

（1）牌号：MZ-91。

（2）规格：230×115×65。

（3）理化指标应符合表 3-22 的规定。

表 3-22　理化指标规定

项目	MgO	CaO	0.2 MPa 荷重开始温度	显气孔	常温耐压强度	重烧线变化（1650, 2 h）
指　标	≥91	≤3%	≥1550℃	≤18%	≥58.8 MP	≤0.5%

（4）使用寿命：现场使用情况实际验证。

（5）检验规则：

① 随产品附带质量保证书和产品合格证。

② 每检验批产品数量应不大于 20 t。

③ 检验方法按《镁砖和镁铝砖》（GB/T2275—2017）规定进行。

④ 外观检查方法按《定形耐火制品尺寸、外观及断面的检查方法》（GB/T10326—2016）执行。

5. 钢包浇注料

（1）材质：碱性浇注料。

（2）理化指标应符合表 3-23 的规定。

表 3-23 理化指标规定

项目	Al_2O_3（%）	MgO/%	SiO_2/%	耐火度/℃	显气孔率/%
指标	≥70	≥16	≤10	≥1760	≤7
项目	体积密度/（g/cm^2）				
指标	≥2.92 MPa（110℃×24 h）			≥2.85（1500℃×3 h）	
项目	耐压强度/MPa				
指标	≥70（110℃×24 h）			≥65（1500℃×3 h）	
项目	抗折强度/MPa				
指标	≥9（110℃×24 h）			≥10（1500℃×3 h）	
项目	荷重软化点/℃				
指标	≥1500				

（3）使用寿命≥70 包次。

（4）每包用料应为同一厂家提供。

（5）检验规则

① 随产品附带质量保证书，合格证。

② 每检验批次数量不大于50 t。每批取6个份样，每个份样

0.5 kg，组成一个大份样进行检验。

③ 使用寿命指标根据现场使用情况实际验证。

6. 炉盖浇注料

（1）材质：碱性浇注料。

（2）使用方式：现场浇注。

（3）理化指标：耐火度≥1750℃。

（4）使用寿命：≥190 炉次。

（5）每包用料应为同一厂家提供。

（6）检验规则：

① 随产品附带质量保证书和产品合格证。

② 检验试样应在产品组批前采取，每10 t 取5个样份，每个份样0.5 kg，组成一个大份样进行检验。

③ 使用寿命指标根据现场使用情况实际验证。

7. 烧结镁砂

（1）牌号：MS88。

（2）粒度：0~10 mm。

（3）理化指标应符合表 3-24 规定。

表 3-24　理化指标规定

项　目	MgO/%	SiO_2/%	CaO/%	灼减/%
指　标	≥88	≤4.0	≤5.0	≤0.5

（4）检验规则：

① 随产品附带质量保证书和产品合格证。

② 试样应在产品组批前采取样，每60 t 取5个份样，每个份样0.5 kg，组成一个大份样检验 MgO 含量，检验不合格时，应加倍取样复验。

③ 检验方法按《烧结镁砂》（GB/T2273—2007）规定执行。

8. 高铝质塞头砖、高铝质袖砖、高铝质铸口砖

（1）高铝质塞头砖，牌号：SL-55，规格：S-8（见图 3-3、表 3-25）。

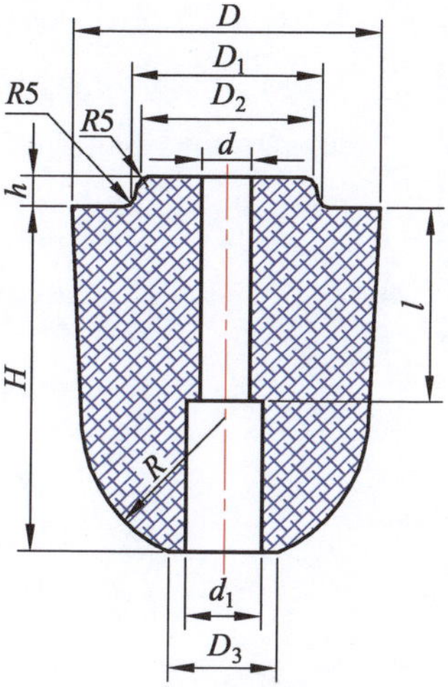

图 3-3　高铝质塞头砖

表 3-25　高铝质塞头砖规格

砖号	H /mm	D /mm	D_1/ mm	D_2 /mm	D_3 /mm	D /mm	d_1 /mm	H /mm	L /mm	R /mm	质量 ≈	配袖砖号
S-8	160	145	88	82	50	24	36	14	90	67	4.75	X-4

（2）高铝质袖砖，牌号：XL-55，规格：X-4、2/3X-4（见图 3-4、表 3-26）。

表 3-26　高铝质袖砖规格

砖号	mm									质量 ≈	配塞头砖
	H /mm	H /mm	H_1 /mm	D /mm	D_1 /mm	D_2 /mm	D /mm	d_1 /mm	d_2 /mm		
X-4	200	14	16	145	88	82	54	93	86	6.5	S-8
2/3X-4	133	0	16	145	0	0	54	93	86	3.34	

（3）高铝质铸口砖，牌号：KL-55，规格：ZH-3（见图 3-5、表 3-27）。

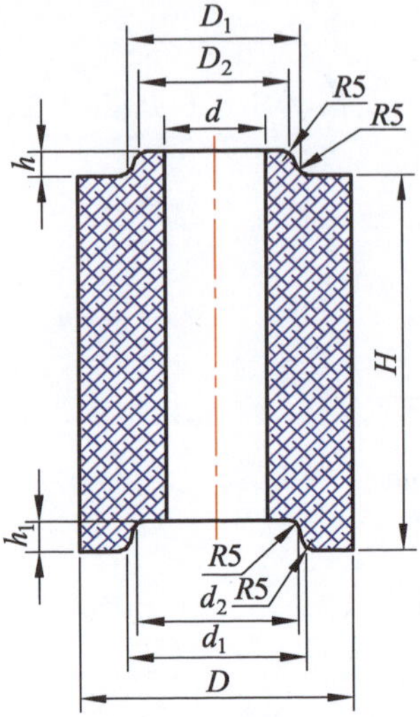

图 3-4　高铝质袖砖

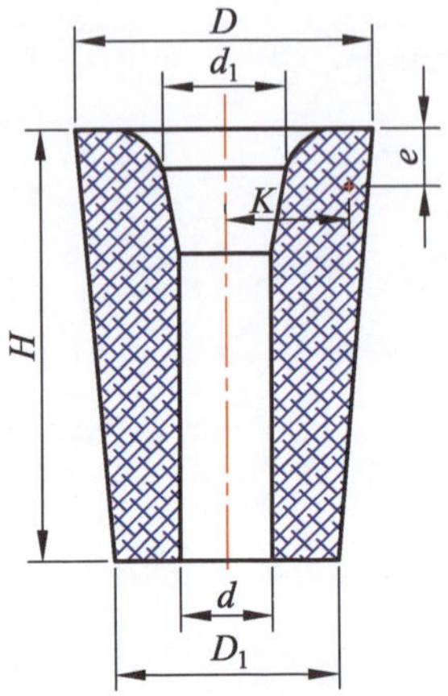

图 3-5　高铝质铸口砖

表 3-27　高铝质铸口砖规格

砖号	H/mm	D/mm	D_1/mm	d/mm	d_1/mm	r/mm	e/mm	K/mm	质量 ≈
ZH-3	250	160	120	50	65	35	34	66	7.44

注：d 可根据工艺要求调整，公差±1 mm。

（4）未注明公差±1.5 mm。

（5）理化指标应符合表 3-28 规定。

表 3-28　理化指标规定

项目	Al_2O_3	耐火	重烧线变化度 (1450，2 h)/%	显气孔率	热震稳定性数据
指标	≥55%	≥1750	+0.1，-0.4	≤24	实测数据

（6）外观检查：外表光滑、无坑无坎、无熔洞无裂纹、无缺角无缺棱。

（7）使用方式：一次性使用。

（8）塞头砖、铸口砖、袖砖应为同一厂家配套采购。

（9）检验规则：

① 随产品附带质量保证书，合格证。

② 塞头砖、铸口砖外形规整程度检查：将塞头砖入在铸口砖上，用手轻按，并使塞头砖沿中心轴旋转一周，凡塞头砖、铸口砖上磨痕呈无间断的连续环状为合格品。

③ 塞头砖、铸口砖、袖砖每检验批数量不大于500套，不足500套按一批抽检。每批抽取5套，检验外观规整程度及基本尺寸，其中一套不合格，应加倍取样复检。

④ 形状及尺寸应符合《盛钢桶内铸钢用耐火砖形状尺寸》（YB/T5113—1993）的规定；检查方法按《定形耐火制品尺寸、外观及断面的检查方法》（GB/T10326—2016）执行。

9. 整体式透气砖

（1）牌号：T-85。

（2）规格：210×210×270。

（3）理化指标应符合表 3-29 的规定。

表 3-29　理化指标规定

项目	Al_2O_3/%	$(Al_2O_3+Cr_2O_3+SiO_2)$/%		耐火度	显气孔率/%
指标	≥85	≥92		≥1710℃	≤22
项目	耐压强/MPa	抗折强度/MPa	体积密度 g/cm^3	重烧线变(1400，3 h)/%	0.2 MPa荷重软开始温度
指标	≥70	≥9	≥3.0	±0.	≥1690℃
项目	透气量（测试压力 0.2 MPa）/（m^3/h）				
指标	10~15（供货商提供数据）				

注：出厂的每块透气砖都应进行通气量检验。

（4）透气砖气室封堵、焊接应符合表 3-30 规定。

表 3-30　透气砖气室封堵、焊接规定

项　目	指　标
焊　缝	≥0.5 MPa 压缩空气不漏气
铁板、铁皮	紧贴砖块表面
尾　管	项　目
透气砖表面封堵	焊　缝
气室内任何杂物	不允许有

（5）产品尺寸偏差（mm）：长、宽：±3；高：±5。

（6）使用寿命：包龄≥30包次。

（7）检验规则：

① 随产品附带质量保证书和产品合格证，每块透气砖的通气量应标记在砖的明显位置。

② 透气砖以不超过20块为一批；不够20块，按一批次抽检。每批抽检一块检验外观尺寸，检验不合格，应加倍复检。

③ 检验方法按《精炼钢包用透气砖和座砖》（YB/T 4118—2016）规定执行。

10. 石棉制品

（1）产品名称：石棉板、石棉绳

（2）规格：石棉板规格为1000mm×1000mm，厚度1.0～25.0mm。每$1m^3$石棉板的质量按1000kg 计算。

（3）理化指标：石棉板烧失量不大于18%，含水率不超过3%；石棉绳的烧失量不应大于32%，含水量不应大于3.5%。

（4）使用寿命：现场使用情况实际验证。

（5）外观质量：组织结构均匀，厚度一致，表面光滑，但允许一面有毛毯的压痕或双面有网纹。

（6）检验规则：

① 随产品附带质量保证书和产品合格证。

② 每一进货批为检验批。

第 4 章

冶炼前期准备工作

4.1 新炉体砌筑

1. 拆炉体

拆除炉体内所有耐火材料，如图 4-1 所示。

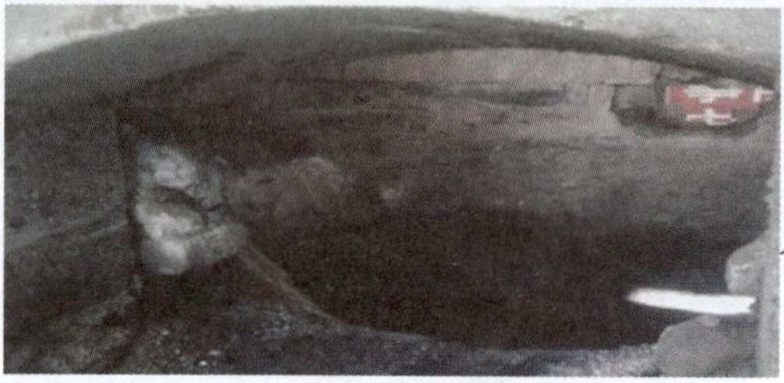

图 4-1 拆除炉体内耐火材料

2. 砌隔热层

沿炉壳铺一层石棉板，再平砌一层粘土砖。

3. 砌保护层（砌砖层）

首先在炉底隔热层上平砌3层镁砖（230 mm×115 mm ×65 mm），然后再沿四周填充镁砂，层与层要交叉砌制互成60°或45°角，不得平行或成直角。各层砌砖都要平整紧固，砌缝要小（≤2 mm）砖缝用镁砂粉充填，并以手锤敲击砖面，使其充填密实。

4. 砌工作层

在镁砖层上平砌400 mm×150 mm×100 mm 的镁碳砖一层再竖砌一层300 mm×200 mm×100 mm 的镁碳砖，沿四周填充镁砂。然后再沿四周竖砌5层450 mm×150 mm×70 mm(或120 mm）和450 mm×150 mm×100 mm 的镁碳砖砌成台阶形，呈45°，出钢口下部呈35°。炉墙为底部2层竖砌450 mm×150 mm× 70 mm（或120 mm）和450 mm×150 mm×100 mm 的镁碳砖。上部为3层竖

砌300 mm×150 mm×70 mm（或100 mm）和300 mm×150 mm×100 mm 的镁碳砖（见图4-2）。

图 4-2　砌工作层

5. 烘　烤

用300 kg 焦炭铺于炉底，把废电极摆放成“T”形或“△”形底，然后通电烘烤。小功率送电时间为1 h，停20 min，再中高功率连续送电3 h，停电后自然冷却3 h。

4.2　整体浇注炉盖

1. 拆炉盖

拆除炉盖内所有耐火材料并准备好浇注料，如图 4-3 所示。

图 4-3　准备好浇注料

2. 浇注准备

把炉盖放置胎膜上准确定位，后铺上一层塑料薄膜，放入三个电极孔胎膜，并加以固定，方可进行灌注。

3. 混　料

将搅拌好的料装入塑料薄膜内，用铁锹铲平，开始振动，振动棒要缓慢移动，各处都要振到。搅拌机每次装入浇注料400 kg（16袋）、一份添加剂、一份钢纤维，开机搅拌。取一份钢纤维，将钢纤维均匀的撒入搅拌机内，共搅拌4 min，每次加干净水约20 kg。

4. 炉盖浇注

一般两次振动成型，第二次成型时，振动棒要深入前次料面2~3 cm处，以保证两次成型交接面结合紧密不分层，提振动棒时一定要慢，并且距电极孔远一些。视炉盖凝固情况，及时取出三个电极胎膜（见图4-4）。

成型后的炉盖，在温度大于15 ℃的干燥场地，自然放置7天后方可进行烘烤

图 4-4　炉盖浇注

5. 烘　烤

常温至350℃阶段，要缓慢烘烤，350℃保温后如仍有大量蒸气冒出，应减慢升温速度。

4.3　修　炉

（1）大修炉或换炉体后，炉底放电极头送电烤炉。

（2）烤炉后前3炉配碳量增加0.2%，去碳量≥0.4%。终脱氧插 A1，出钢温度按上限控制。新炉体第一炉各期温度相应提高10 °C。

（3）冶炼前应仔细检查水冷系统和机电设备，如有故障应及时处理或更换。

（4）出钢槽不能保证整流出钢时必须更换。新换出钢槽应彻底烘烤。

（5）炉盖变形、厚度≤100 mm 或掉砖为能修补时进行更换。

4.4 扒补炉

炉体好坏直接影响钢水质量。加强炉体维护是提高炉体寿命，为整个冶炼过程创造有利条件的重要环节。

（1）出钢前准备好补炉工具和补炉材料。补炉镁砂应彻底干燥，粒度为1~3 mm，其中小于1 mm 的不超过50%。

（2）出钢后，迅速将炉子翻回，撬掉假门坎，扒净残钢渣。

（3）趁高温迅速投补出口两侧，随后石灰铲补其于两侧渣线。

（4）炉底有坑须垫补时，可以加入少量石灰扒除坑中钢水，或者把钢水控到炉坡上（先应在炉坡上投一些硅砂），然后趁热用镁砂垫补。

4.5 炉体状态判断

1. 炉体状态较差

（1）渣线浸蚀严重，10 t 电弧炉炉体补炉镁砂用量>500kg。

（2）炉衬有明显凹坑，炉底已垫补。

2. 炉体判废条件

（1）炉底凹坑，炉底局部厚度≤50mm。

（2）渣线浸蚀严重，无法修补。

（3）水冷系统损坏或发生故障无法热修。

4.6 钢包整体浇注及烘烤

4.6.1 拆钢包

新砌筑钢包时，旧包所有耐火材料清除干净，包括透气砖、浇注料、T 型砖等（见图 4-5）。

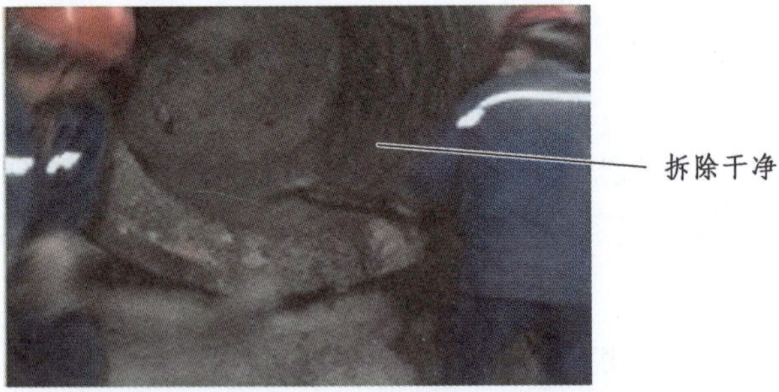

图 4-5 旧包所有耐火材料清除干净

1. 砌隔热层和薄皮砖

砌隔热层和薄皮砖，安装透气砖（见图 4-6）。

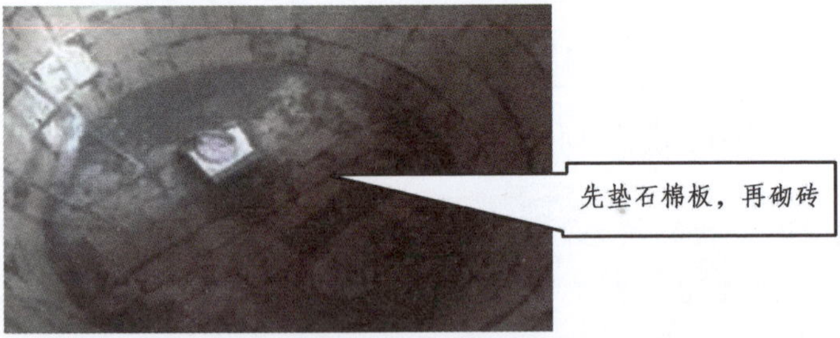

图 4-6 砌隔热层和薄皮砖，安装透气砖

2. 钢包打结

（1）按照钢包规格制作出适合浇注和脱模的胎具，浇注时

先施工包底，自然养护24 h 后再施工包壁。

（2）施工包壁时，要在胎具表面涂一层甘油，再涂一层牛皮纸，缓慢将胎具按要求放入包内，固定好位置（见图4-7）。

（3）浇注料要在强制搅拌机中搅拌5 min 以上，加水量不能大于6%，方可浇注。

（4）浇注时，震动棒要震动到位，避免重复震动，返浆为止。

（5）搅拌好的泥料要在1 h 内振完，浇注完的钢包24 h 内禁止震动并盖上覆盖物进行养护。

（6）养护24 h 后可以脱去胎具，在空气中自然养护72 h 以上，养护时温度应控制在15~35°C，严禁向上洒水，养护时间越长越好。

图 4-7　浇注料打结

3. 钢包烘烤

脱模后自然放置时间夏天不少于48 h，冬天不少于60 h 后才能进行烘烤（见图4-8）。

小火烤包：用长度200~300 mm 的火焰，烘烤6 h；停放2 h。再烘烤6 h，停放2 h 后转用中火烤包。

中火烤包：用长度400~500 mm 的火焰，烘烤12 h；停放3 h。再烘烤12 h，停3 h 后转用大火烤包。

大火烤包：用最大长度的火焰，烘烤6 h；停3 h。然后连续烘烤6 h，停放12 h，方可使用。

图 4-8　钢包烘烤

4.6.2　包塞杆准备

1. 拆卸包塞杆

清除掉塞杆的残钢残渣、耐火砖，将芯杆、元销、螺母、垫片拆解，并将包塞芯杆校直（见图 4-9）。

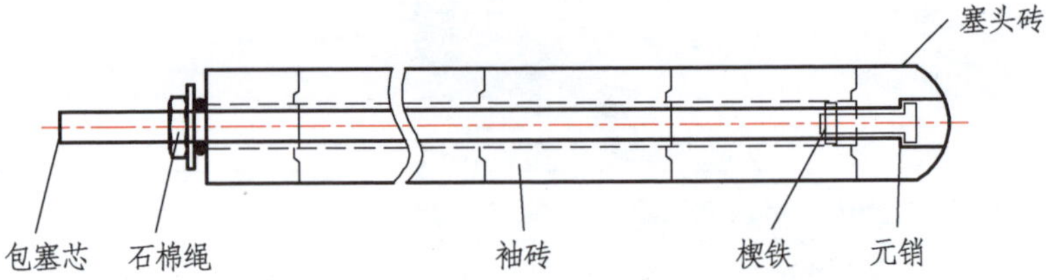

图 4-9　拆卸包塞杆

2. 安装塞头砖

将元销放入塞头砖内，用楔铁把元销和包塞芯杆固定。

3. 安装袖砖

将袖砖一个一个套在包塞杆芯杆上，各袖砖之间涂耐火泥浆，旋转所装袖砖。

4. 填充砂子

用砂子充填袖砖与包塞芯杆之间的缝，并用木锤敲击砖面使砂子振实。

5. 安装紧固螺母

将石棉绳绕到包塞杆芯杆上后，用毛刷在芯杆螺纹部分均匀涂抹一层润滑油用垫片将石棉绳压紧，并用紧固螺母固定。

6. 塞头处理

将塞头端孔用卤水镁砂填充，塞头圆球面均匀涂抹一层碳粉（见图 4-10）。

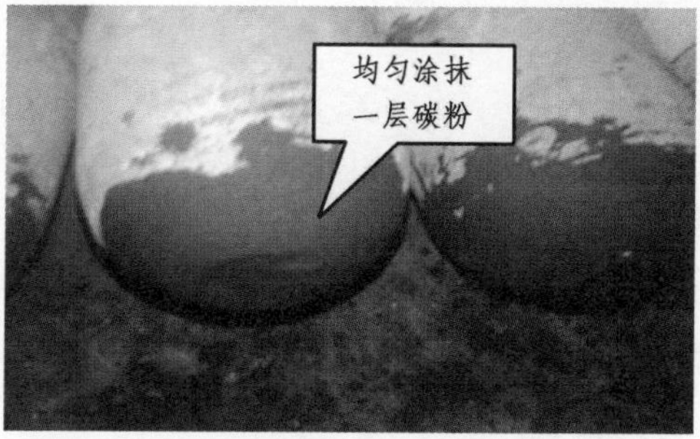

图 4-10　塞头处理

4.6.3　钢包准备

（1）安装水口砖。把铸口砖均匀涂抹一层耐火泥浆，钢包浇注口周围均匀填充一层水玻璃砂，将铸口砖用敲棒敲入钢包浇注孔内，铸口砖与钢包间的缝隙用水玻璃砂填满并敲实（如图 4-11）。

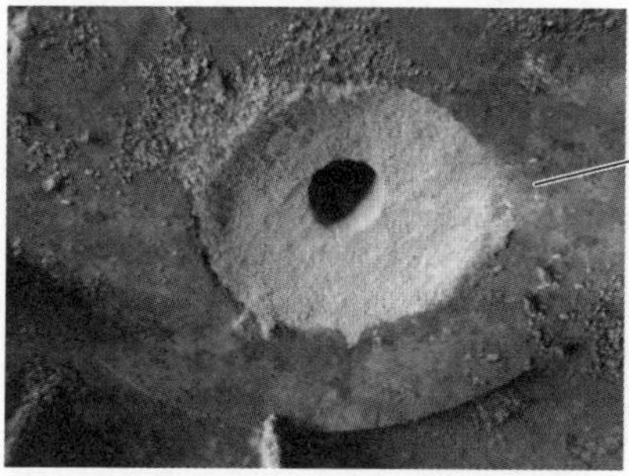

图 4-11　安装水口砖

（2）吊包。将钢包吊至烤包台位。

（3）吊包塞杆。将包塞杆吊至烤台包位。

（4）安装包塞杆。将包塞杆垂直放置在浇注水口砖上方，用螺母将包塞杆和塞杆升降立柱固定。

（5）检查升降机构。检查升降机构的紧固螺栓，确定无松动（见图 4-12）。

图 4-12　检查升降机构

（6）点火。放下天然气烘烤台位包盖，打开天然气阀门，先点燃通有天然气的钢管，用明火引燃，将钢管伸入包盖天然气烧嘴附近将天然气引燃。

（7）烘烤。将钢包内壁烘烤呈暗红色

（8）熄火。关闭天然气阀门。

（9）打开包盖、吊包。打开包盖，将钢包吊至出烘烤台位，打紧卡子，安上氩气管道。从停止烘烤到出钢的时间小于3min。

4.7　备　料

4.7.1　调整切割枪

打开工业气阀门和氧气阀门，打开切割枪阀门，用明火引燃，调整切割枪阀门大小，使火焰呈喷射状（见图 4-13）。

图 4-13　切割废钢料

4.7.2　切　料

（1）用切割枪将废钢沿薄弱部位切割成规定尺寸，调整火焰枪，使火焰喷吹废钢边缘，等有钢液流流出后，缓慢移动割枪，沿切痕缓慢移动，直至切断废钢为止（见图 4-14）。

图 4-14　切割车桥

（2）废钢最大块重不大于150kg，最大尺寸500mm×280mm×

250mm、渣钢块质量不大于500kg，最大尺寸800mm×500mm×400mm、废铁块质量不大于100kg 最大尺寸400mm×150mm×100mm。

（1）配料。

（2）装料前，班长和专责人员必须仔细检查配料单，防止装错料。

（3）废钢铁料干燥、少锈或无锈，无油污及其他非金属夹杂物。

（4）各类炉料中严禁混入封闭容器及爆炸物（见图 4-15）。

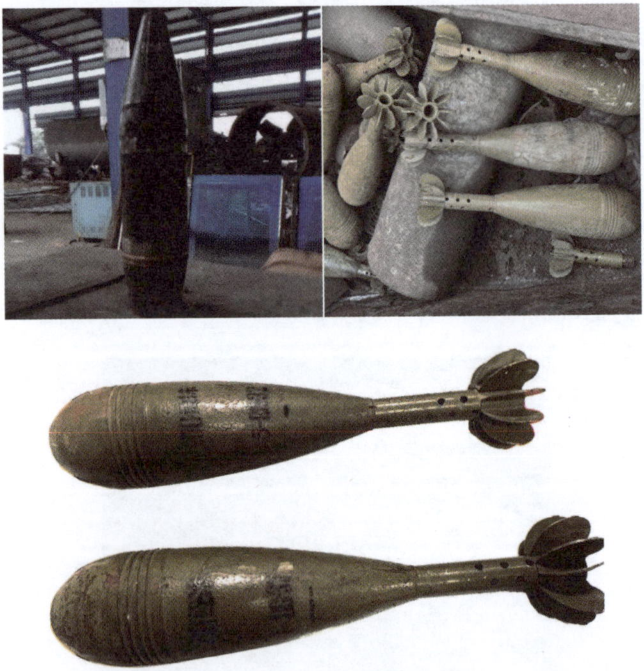

图 4-15　爆炸物

（4）类炉料中不得夹带有色金属，如铅、锌、铜等（见图 4-16）。

图 4-16　有色金属

（5）如配高硫磷废钢，应装在包底部，以利早期去磷。配高硫磷废钢时，不应配入高硅废钢。

（6）装二次料或多次料时间不应过晚，以防钢液喷溅造成事故。

（7）装料前准备好料斗，将收紧钢丝绳穿进料斗尾环内，并收紧（见图 4-17）。

图 4-17　收紧纲绳

4.7.3　加　料

（1）炉内加料前，炉底须均匀地垫炉料质量2% ~ 3%的石灰，以利提前形成熔化渣，防止铁料冲击炉底，并垫好炉门。

（2）装料时料斗摆正，高度合适，严防冲击炉壁。

（3）将废钢用磁盘吊装入料斗内，布料顺序，在料斗底部装一小部分小钢块及钢屑，其上装大料块和中料块，最上部装小料块和钢屑，布置示意图如图 4-18 所示。

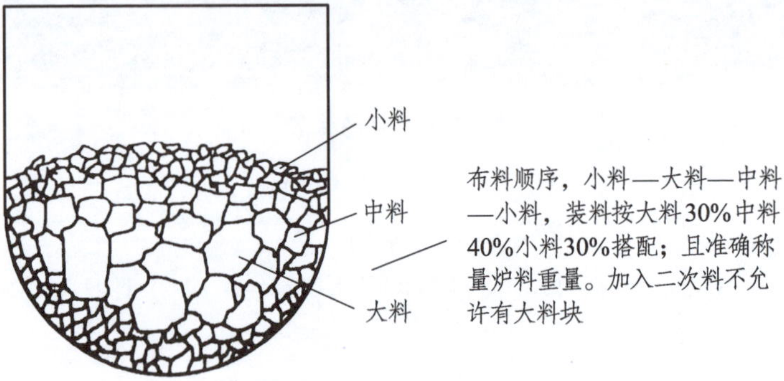

图 4-18　布置示意图

4.7.4　合金炉料烘烤

（1）准备。打开烟道蝶阀及烧嘴上的一次阀、二次阀，进行吹扫。

（2）装窑。将装有合金炉料的料斗吊上窑车（见图 4-19）。

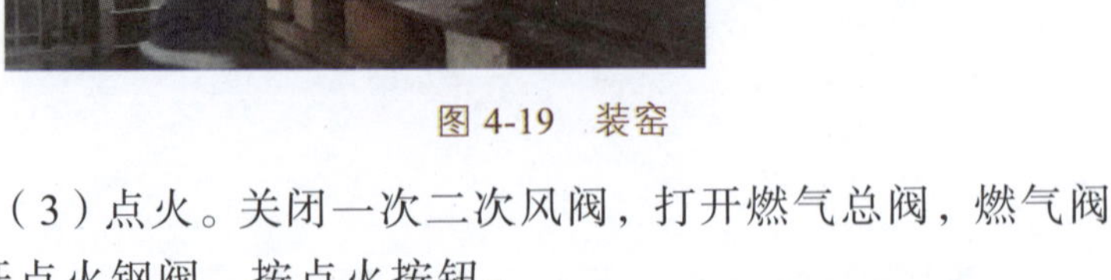

图 4-19　装窑

（3）点火。关闭一次二次风阀，打开燃气总阀，燃气阀门，打开点火钢阀，按点火按钮。

（4）入窑。将装好合金炉料的窑车推入气窑内，关闭窑门（见图 4-20）。

图 4-20　入窑

（5）升温。调整烘烤温度，并观察温度仪表、压力控制仪表。合金炉料烘烤温度450~550 °C。

（6）保温。保温2 h 以上。

（7）出窑。关闭烧嘴燃气阀门，燃气总阀门，打开炉门，打开一次、二次风阀，打开烟道蝶阀，进行吹扫。拉出窑车，把合金吊往炉前。并如实填写合金炉料加料卡片（见图 4-21）。

图 4-21　出窑

4.7.5　萤石烘烤

（1）检查。合上总电源开关，检查各指示仪表指示正常。

（2）装窑。打开炉门拉出窑车，将装有萤石的料斗吊上窑车（见图 4-22）。

图 4-22　装窑

（3）入窑。将装好萤石的窑车推入电窑内，关闭窑门（见图 4-23）。

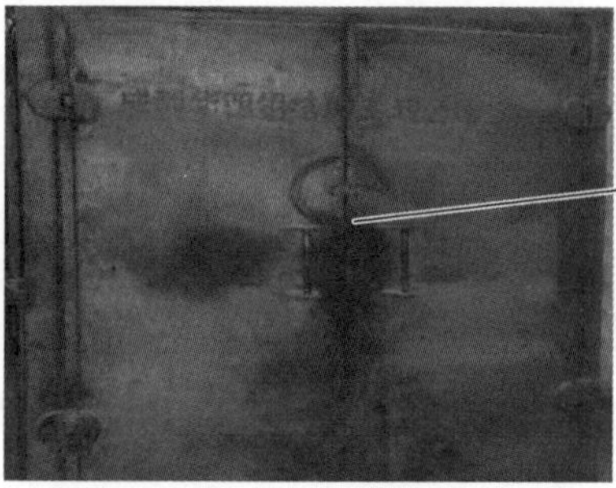

图 4-23　入窑

（4）加热升温。按打开电源按钮，观察控制柜电压电流表，设定炉料烘烤温度，萤石烘烤温度为150~200 °C。

（5）保温。保温2 h 以上。

（6）出窑。按关闭电源按钮，停止加热，打开窑门，拉出窑车，将萤石吊运到炉前冶炼操作平台。

4.8　电弧炉氧化-还原法炼钢配料计算

配料前应了解上一炉次的钢种及其化学成份，并相应调整本炉次配料。炉料主要元素配入量要求：

（1）碳：

低碳钢（C<0.25%），比规格下限高配0.50% ~ 0.60%；

中碳钢（C：0.25% ~ 0.65%），比规格下限高配0.60% ~ 0.70%；高碳钢（C>0.65%），比规格下限高配0.70% ~ 0.80%。

配料不足的碳量可用增碳剂补充。采用电极增碳时 C 收得率按 60%计算。

（2）锰：不特殊配入，但不得高于规格上限 0.20%。

（3）硅：不特殊配入。

（4）磷：一般钢种 P≤0.06%。

（5）硫：一般钢种 S≤0.08%，可不计算，但配高硫炉料时必须计算。

（6）铬：一般钢种 Cr≤0.50%。

（7）镍：配中限，有残余镍要求比下限低配 0.05%。

（8）钼：配中限，有残余钼要求比下限低配 0.05%。

（9）铁矿石配入量：吹氧气时配入量30 kg/t 炉料，不吹氧时配入量70 kg/t 炉料。

4.9 炉　料

（1）分类：金属炉料、非金属炉料。

（2）金属炉料：废钢铁、铁矿石、合金。

（3）废钢铁：详见类别，运输重废、普通重废、工业废钢、破碎料、回炉钢。

（4）合金：锰铁、硅铁、铬铁、钼铁、镍铁、稀土合金等。

4.10 废钢铁收得率

（1）废钢铁综合收得率根据三年内加料数据统计确定，一般为93%。

（2）废钢铁分类和收得率如表 4-1 所示。

表 4-1　废钢铁分类和收得率

级别	组别	废钢铁类别		收得率/%
一级	一组	运输重废类	报废车前后桥、轮毂、发动机及变速箱齿轮、曲轴，以及钢质机器零件等	97
	二组	普通重废类	厚度6 mm 以上的条状、块状、异形状废钢，包括：钢锭、钢坯及其切头、大型槽钢和工字钢等型钢及其切头、钢轨、火车车轮和车轴、大型钢齿轮、垫板、大尺寸螺纹钢、锤、钢筋、螺栓、道钉、鱼尾板、钢套、杆件、浇口、浇口杯、厂房钢结构件等	97
	三组	汽车破碎料类	汽车覆盖件破碎料	97
	四组	回炉料类	炉内回炉钢水、包内回炉钢水、浇注残钢、浇冒口、试块、铸钢件废品、解剖铸件等	97
二级	五组	工业废钢类	厚度4 mm（旧料5 mm）以上且单重不小于0.5公斤的钢板边角余料、角钢等，包括厂区内产生的符合上述条件的返废料	96
	六组	生铁类		96
三级	七组	轻薄碎杂类	厚度4 mm 以下薄钢板、铁桶、农具、道钉、配件、杂铁、锅铧铁、暖气片、装饰品铸件等，及其压块或破碎料	90
	八组	钢宵类	车、磨、铣、刨等机加方式产生的钢宵、铁宵、磨宵（粉状）等，及其压块	80

备注：对于上表未规定的废钢铁，根据其来源和锈蚀程度确定类别、组别和级别。

（3）铁矿石收得率55%。

（4）常用合金收得率如表 4-2 所示。

表 4-2 常用合金收得率

合金名称	冶炼方法	合金加入时间	收得率/%
锰铁		还原初 出钢前	95～97 98
硅铁		出钢前	>95
铬铁	氧化法 返回法	还原初 装料、还原期调整（不锈钢）	95～98 80～90
镍		装料 氧化期、还原期调整	>95 95～98
钼铁		熔化末期、还原期调整	95～100
铝		扒渣后加入、出钢前插入	75～85
稀土合金		出钢前插铝后加入炉内或包内	30～40

（5）氧化-还原法冶炼的炉料中合金元素收得率如表 4-3 所示。

表 4-3 氧化-还原法冶炼的炉料中合金元素收得率

元素	炉料中元素含量%	氧化法的元素收得率	备注
碳			
锰	≤1 1～3 >3	10 15 20	
铬		不配入	回炉料类或 Cr 含量明确的金属炉料中的 Cr 收得率按 95%计算
镍		98	
钼		95	
钒		不配入	
备注	不考虑硅、铝、钛收得率		

（6）还原期加入合金元素收得率如表4-4、表4-5所示。

表4-4 Mn、Si、Ni、Cr、Mo收得率

元素名称	Mn	Si	Ni	Cr	Mo	备注
收得率/%	95	95	95	95	95 ~ 98	

表4-5 Ti、Al、V收得率

元素名称	Ti		Al		V	
规格中限	0.3 ~ 0.8	≤0.8	>0.8	≤0.3	0.3 ~ 0.9	>1
收得率/%	65	80	85	85	90	95

① 硅铁。

Si收得率93% ~ 97%。在出钢前8 ~ 18 min，按出钢要求中上限加入，计算加入量时应计入炉内残余Si。

② 锰铁。

Mn的收得率为95%。在薄渣条件下按下限加入。

③ 铬铁。

Cr的收得率93% ~ 95%。采用氧化法时，按钢种的具体配料要求加铬铁，如果在还原期扒渣取样结果出来后需调整Cr，按中下限加入。

④ 镍。

在装料时带入。采用氧化法时，尽可能在还原期不加或少加Ni。在还原期补加时，Ni的收得率98%。

⑤ 钼铁。

Mo的收得率95%。配中限，装料时带入。还原期应根据2 ~ 3次Mo的分析结果，按中下限调整，钼铁加入15 min后出钢。

⑥ 钒铁。

钒铁需烘烤。冶炼低V钢（V≤0.30%）时，在出钢前8 ~ 15 min，不计损失按中上限计算；冶炼高V钢（V>0.30%）时，

钒铁在薄渣下加入，出钢前补加时，V的收得率95%～98%。

4.11 合金配入量计算

（1）硅铁配入量＝出钢量×(中限规格−0.15)%/硅铁成分%×95%。

（2）锰铁配入量＝出钢量×(中限规格−0.10)%/锰铁成分%×95%。

（3）镍铁配入量＝(出钢量×控制规格−配料镍量×98%)/98%。

（4）铬铁、钨铁、钼铁、钒铁均按下式计算：

配入量＝(出钢量×中限规格−炉料配入量×元素收得率)/铁合金成分×合金元素收得率。

（5）铝配入量=出钢量×中限规格/收得率。

4.12 10t电弧炉公称容量

10.5～11.5t。

4.13 装料量计算

（1）出钢量=浇注毛坯重量+浇冒口重量+浇注试块重量+包内残留量+浇注损失。

（2）装料量=（出钢量−矿石进入纯铁量−合金量）/废钢铁综合收得率；

（3）矿石进入纯铁量=矿石加入量×55%×80%，55%是矿石含铁量，80%是铁收得率。

（4）各项说明：

计算单位为kg。

浇注毛坯重量：为浇注的某种毛坯的定额数据。

浇冒口重量：为浇注的某种毛坯的定额数据。

浇注试块重量：在铸型外单独浇注的试块重量。一般采用双腿基尔试块，简称“基尔试块”，以“块”为单位计数。每块长370 mm，有两支“腿”，可加工出两根拉伸试棒（以“根”为单位计数），采用专门砂型（一型一块），单独浇注，重量37.5 kg/块；基尔试块编组：以两块为一组，每组可加工出四根拉伸试棒，重量75 kg/组；附铸基尔试块：形状结构、重量与双腿基尔试块相同，但是布置在砂型内，连接在本体上。

包内残留量：一般为200 ~ 300 kg。

浇注损失：浇注过程中漏包、飞溅、跑火等异常因素造成的，难以避免的钢水损失，一般为0.5% ~ 1%。

4.14 其 他

电弧炉冶炼辅助工具如表 4-6 所示

表 4-6 电弧炉冶炼辅助工具

项目	耙杆长度/m	耙头尺寸/mm	耙杆直径/mm	手柄环/mm
铁耙	4~4.5	长 210 宽 130 厚 10~15	ϕ22	ϕ120
勺子	3 ~ 3.5	未打前 ϕ160 打完 ϕ100 勺厚 8 ~ 12	ϕ22	ϕ120
耙勺子	5 ~ 6	勺长 60 ~ 70	ϕ22	ϕ120
木耙头	500	宽 150 厚 70	松木或杉木	

第5章

熔化期

电弧炉炼钢，从送电开始到炉料熔清为止为熔化期。熔化期约占整炉钢冶炼时间的一半，耗电量占整炉电耗总量的2/3左右，因此加快炉料熔化速度，缩短熔化期时间，是电弧炉炼钢提高生产效率、节能降耗的重要环节。

5.1　熔化过程的几个阶段

送电前应认真、仔细检查机械、电气、水冷循环、除尘等设备，确认设备正常后才可开始送电。

1. 起弧阶段

一般以变压器额定功率的70%左右输出，通常通电10 min以后，才可加大功率。否则会因输入功率过大，电压过高，电弧过长，而送电起弧时电弧与炉顶相对较近，炉顶易烧坏，对炉盖的寿命影响较大。

2. 穿井阶段

此时用最大功率送电，可以超载运行。穿井阶段经常发生炉料塌料，电压、电流都极不稳定，配电操作人员要集中精力，注意减少掉闸。

3. 电极上升阶段

主要是因为电极穿井到底后，炉底熔池形成，随着炉料熔化使炉内钢液面升高而引起电极逐渐上升，此阶段也应最大功率送电，并辅以吹氧助熔。

4. 熔末阶段

炉料大部分熔化后，炉料已不能遮蔽电弧，三相电极下的高温区已连成一片，远离电弧的低温区部分炉料尚未熔化，此时应调整输出功率（低一级），否则长时间采用最大功率送电，电弧易损坏炉衬、炉盖，要及时吹氧助熔和造好炉渣屏蔽电弧。

5.2 快速熔化炉料的原因

（1）熔化期占整炉冶炼时间的一半左右。

（2）熔化期耗电量约占整炉钢电耗的2/3。

（3）加速炉料熔化，缩短熔化时间，是节能降耗、提高生产效率的关键环节。

5.3 熔化期炉料的物化反应

1. 元素的挥发与氧化

元素的挥发主要是因为在电弧的高温作用下进行的。一般金属元素的挥发损失为炉料总重的3%~5%。为了减少金属元素的挥发损失，必须提前造好熔化渣，减少钢液与电弧的直接接触。

元素的氧化主要是因为熔化期吹氧助熔及炉料中存有氧引起的。通常情况下铝、钛、硅等易氧化元素几乎全部氧化，锰氧化损失一般为50% ~ 60%，铁氧化损失一般为2% ~ 6%，碳的氧化损失与炉料的配碳量、含硅量及吹氧助熔有关，一般为10% ~ 30%，当塌料引起大沸腾时碳的氧化损失会更严重。

2. 钢液吸气

由于气体在钢中的溶解度随温度的升高而增加，在高温电弧作用下炉气中的水和氮气分解成氢、氮原子溶解于钢液中，为了减少钢液吸气量，要求要尽早造好熔化渣。

5.4 吹氧助熔时间的掌握

1. 吹氧过早

吹氧过早会出现吹氧不化料的现象，浪费氧气和原材料。

2. 吹氧过晚

吹氧过晚就没有发挥出吹氧助熔相应的作用，不能显著缩短熔化时间，增加了电耗。

3. 适时吹氧助熔

适时吹氧助熔是指热炉一般送电15 min以后，吹氧压力一般控制在0.8 MPa 左右，当炉门附近的废钢料发红且倾炉已见熔池时进行。

5.5 熔化期造渣去磷

1. 熔化期提前造渣的作用

（1）稳定电弧、屏蔽电弧；

（2）覆盖钢液面，防止热损失，减少钢液吸气；

（3）吸收钢液中的杂质、纯洁钢液；

（4）减少元素挥发、有利于去磷。

2. 熔化期熔渣控制及去磷

总体要求：熔化渣必须具有一定的氧化性、碱度和渣量。

（1）熔化渣的氧化性在实际生产中常用渣中铁的氧化物总量来表示；

（2）碱度（R）就是渣中的碱性氧化物总量与渣中酸性氧化物总量的比值；

（3）渣量控制：熔化前期控制在炉料重的2%左右，后期控制在炉料重的4%左右；

（4）当炉料完全熔化后，流渣操作，补加石灰、氧化铁皮、碎矿石，造大渣量，碱度高、氧化性强、流动性好的炉渣。吹氧化渣，利用熔化期低温的有利条件，将氧化期的脱磷任务提前到熔化期末完成，利用熔氧结合方法，快速去除钢中的磷。

3. 熔化期垫底石灰加入量的计算方法<以吨钢为例>

如果硅在熔化期有90%被氧化成 SiO_2进入炉渣，则吨钢垫底石灰的加入量为：石灰加入量 = (1000×[Si%]×90%×60×R)/(石灰中 CaO 含量%×28)（kg）。我们冶炼的钢种一般碱度（R）控制在2，使用的石灰中 CaO 含量在85%以上。

5.6 缩短熔化期的措施

1. 补　炉

（1）热补。出钢后，不要旋开炉盖，充分利用高温炉体的热量；

（2）快补。炉体倾转回位后检查炉体状况，根据检查结果马上进行补炉，不得拖沓；

（3）薄补。这样主要是为了补炉料烧结好，过厚则不易烧结还浪费原材料。

补炉主要目的是减少热损失。

2. 配料及装料

（1）配料要根据冶炼的钢种成分要求来合理搭配炉料，炉料的大小、好坏、配料的碳量、装入量都要精确把控；

（2）装料时做到上松下紧呈馒头型，料罐底部先装轻薄料或钢屑，中心区域装入大块废钢，中型废钢装在大料的上面，料罐最上面放小型废钢、钢屑等。对不易导电、难熔的炉料放在料罐中下部，但不能放在电极下，起到好装快化的目的。

3. 吹氧助熔

（1）吹氧助熔的方法：

① 切割法。当有大料或出现搭桥现象时采用此法，易造成人为塌料，氧气利用率低；

② 渣-钢界面吹氧法。化料快，氧气利用率较低；

③ 浅插钢水吹氧法。一般指将氧气管插入钢液200 mm 以内，升温降碳快，氧气利用率高。

（2）吹氧助熔的作用：

① 加速炉料的熔化；

② 切割炉料，避免炉料搭桥；

③ 有利于气体和非金属夹杂物的上浮去除；

④ 将氧化期的部分任务提前到熔化期后期来进行（熔氧结合快速炼钢）。

4. 废钢预热

（1）利用炉内排出的高温废气预热废钢，可节省电能；

（2）可以提前吹氧助熔，减少熔化时间，提高生产效率；

（3）缩短冶炼时间，大大降低能耗和物耗。

5. 变压器过载和电抗器的合理使用

（1）变压器可以合理过载20%~30%，让其能力最大限度发挥出来，但需注意变压器温度的变化，让其安全正常运行。

（2）熔化前期带电抗器送电操作，主要是为了稳定电弧，减少冲击和短路电流引起的跳闸，但是带电抗器送电会导致电耗上升，因此，电弧比较稳定时就要甩掉电抗送电。

6. 注余钢水回炉或留钢操作

（1）注余钢水回炉或留钢操作不能影响下一炉钢水的成分；

（2）要准确掌握注余钢水量和留钢量；

（3）注余钢水回炉时要注意人身及设备的安全。

5.7 熔化期几种异常的处理及操作要点

1. 氧气管漏氧处置

氧气管漏氧（见图 5-1）易发生安全事故（如烧伤事故）。

（1）立即关闭供氧阀门；

（2）马上对漏氧的地方进行处理，确认无误后方可操作。

图 5-1 氧气管泄漏

2. 送电炼钢时发生不导电或导电不良的处置

（1）不导电或导电不良主要是因为电极与炉料之间电阻过大，电流回路受阻所致；

（2）配电工精力需要高度集中，发现此现象马上调整输出电流（减小），防止电极受外力作用折断；

（3）如果还不行，马上停电，升起电极，通知炼钢工查看找出原因；

（4）一般情况下是由于炉料中混有不易导电的炉渣或耐火材料等，也有因炉料大，装料时空隙太大，彼此接触不良，造成三根电极电流断路；

（5）炉料导电不良，可在此电极下加小电极块、焦炭块、小块干净的废钢或炼钢生铁均可以。

3. 电极和电极夹持器打火的处置

（1）马上停电；

（2）通知冶炼操作人员上炉顶查看，找出打火原因；

（3）自行处理：用钢刷清除夹头内壁的黏附物，将夹头内表面与电极接触面处理平整；

（4）如果打火漏水了，则找维修人员焊补或者更换夹头（见图 5-2）。

图 5-2　打火漏水

4. 横臂打火漏水的处理

（1）立即停电；

（2）通知冶炼作业人员上炉顶检查横臂打火状况；

（3）若没有漏水，则将横臂上的积灰、杂物等清扫干净后送电；

（4）若打火已将横臂击穿漏水，则将其积灰清扫后通知维修人员焊补，处理好后恢复送电（如图 5-3）。

图 5-3　横臂打火

5. 炉料搭桥处置

（1）炉料搭桥时用氧气切割极为方便。

（2）要分清楚搭桥炉料的状况。

① 如果是大块炉料搭桥，用氧气切割时从外围开始，不能从中间去切割，否则当大部分炉料垮塌进入钢液，易引起大沸腾；

② 如果是小块料、碎料粘附在一起引起的搭桥，这种搭桥一般是因为炉料含碳量低导致的，此时应降低送电的输出功率，避免炉内温度太高，用氧气切割时应分次分批切割，避免塌料引起大沸腾，从而导致熔清碳偏低。

（3）冶炼操作人员在吹氧切割炉料时，一定不能正对大炉门，要在大炉门两侧，防止意外事故的发生。

6. 熔渣 C 高、P 高的处理

（1）利用中等功率供电，控制好熔池内钢液温度，切记低温去 P；

（2）放掉初生渣，造新渣，吹氧化渣，确保造碱度高、氧化性强、流动性好、渣量大的炉渣；

（3）待充分反应后，自动流渣后再造新渣；

（4）当钢中 P 含量≤0.015%时，加大功率供电，吹氧脱碳；

（5）前期以去 P 为主，后期以升温脱 C 为主。

7. 熔渣 C 高、P 低的处理

（1）熔清后自动流渣，造新渣，碱度高、氧化性强、流动性好、渣量适量的炉渣；

（2）吹氧升温脱碳的同时流渣操作，补加适量渣料；

（3）以脱 P 为辅，以升温脱 C 为主。

8. 熔渣 C 低、P 高的处理

（1）熔清后自动流渣<放尽初生渣>；

（2）造碱度高、氧化性强、流动性好、渣量大的炉渣，此时吹氧化渣，同时控制好钢液温度<低温>；

（3）适量增碳后，待炉内温度达到 1530~1550 °C 往炉内加入氧化铁皮、碎矿石；

（4）一边吹氧（充分反应后），一边流渣操作；

（5）流渣后再造新渣，要求是造碱度高、氧化性强、流动性好、渣量大的炉渣，一边吹氧（充分反应后），一边流渣操作；

（6）待 P 含量≤0.015%时，吹氧升温脱碳（此时必须保证钢液温度和脱碳量）。

9. 熔清 Si 高的处理

（1）首先要注意控制炉内钢液的温度，因为硅氧反应是放热反应，如果熔清 Si 高，则熔清时钢液温度就会高，此时注意供电的输出功率要减小；

（2）自动流渣后补加渣料，注意随时补加，因为硅氧化生成的 SiO_2 是酸性的，有稀释炉渣的作用，对炉体渣线的侵蚀特别严重；

（3）加矿或吹氧氧化，以去 P、去 Si 为主；

（4）不断自动流渣造新渣，注意控制好炉渣的碱度；

（5）待钢液中的 P、Si 成分符合要求后再以脱 C 为主。

10. 熔清 Cr 高的处理

（1）熔清后因钢中 Cr 高，渣中的 Cr_2O_3 含量就高，此时炉渣很黏稠，只能用人工手动扒出炉渣（多准备几个扒渣耙子）；

（2）造新渣，此时注意萤石的用量，不能太大，否则对渣线的侵蚀严重；

（3）加矿或吹氧氧化，若能自动流渣，则流渣后补加渣料，若炉渣还黏稠，只能是人工继续扒除炉渣；

（4）扒渣或流渣后继续造新渣（此时注意萤石的用量也不能太大，否则对渣线的侵蚀严重），加矿或吹氧氧化，采用扒渣或流渣操作；

（5）待钢液中 Cr 成分含量符合要求才能进行下一步操作。

11. 熔清 Sn、As、Pb、Cu、W、Zn、V 高的处理

（1）根据熔清分析的成分与成品钢要求的成分进行对比，看该成分超出多少；

（2）根据配料质量计算出炉内的钢水量，再根据超出部分和钢水量换算，理论上要倒掉多少钢水；

（3）注意实际倒掉的钢水量要大于理论计算值，主要是考虑再补加的炉料中还有可能含有该成分；

（4）值得引起重视的是加强炉料质量的监督管理和炉前操作人员的精准判断。

第6章

氧化期

6.1 氧化期的任务

1. 脱　磷

氧化去除钢液中的磷，一般要求 P≤0.015%，主要是考虑到残余氧化渣中的P_2O_5被还原回磷和原辅材料及铁合金带入的磷。

2. 去气、去夹杂

利用碳氧反应生成 CO 气泡，沸腾去气和去除非金属夹杂物。

3. 脱碳

根据冶炼钢种的要求，使其达到控制范围，但要适当考虑到还原期操作时的增碳量。

4. 钢液升温

氧化末期钢液温度要达到高于出钢温度20℃左右为宜。

6.2 氧化方法

1. 矿石氧化法

矿石氧化法就是向熔池中加入铁矿石，在钢渣界面上与铁发生反应生成（FeO），而 FeO 再与钢液中的 C、P 等元素反应，达到氧化的目的。优点是渣中的（FeO）浓度高，对脱 *P* 有利；缺点是铁矿石的分解反应过程是要吸热的，会降低熔池的温度，氧化时间长，此操作法多用于炉料中 P 含量高，以去 P 为主的时候应用。

2. 氧气氧化法

氧气氧化法就是向熔池直接吹入氧气，使钢液中的 C、P、Si、Mn 等元素直接与氧气进行氧化反应。优点是吹氧氧化是放热反应，对钢液升温有利，脱 C 速度快，缩短氧化时间，对去气、去夹杂的效果也很好；缺点是钢液升温迅速、渣中的（FeO）浓度不高，对脱 P 不利，此方法主要用于熔氧结合操作法，前期已将去 P 工作做好，后期只是升温脱碳就可以了。

3. 综合脱氧法

综合脱氧法就是熔池中既加铁矿石又吹氧氧化的操作方法。氧化前期以去 P 为主，加入铁矿石，氧化后期吹氧以快速脱碳和升温为主。此方法吸取了前面两种氧化的优点，现在被广泛使用。

6.3 脱　磷

1. 磷对钢质量的影响

磷是有害元素（特殊钢除外），因为磷在钢中能无限溶解，当钢液凝固时，磷随温度的降低溶解度逐渐减小，当超过溶解度极限时，磷就会以 Fe_2P 的形式析出，而 Fe_2P 的特性是硬而且脆，会使钢的塑性降低、脆性增加。因此当磷高的钢在冷加工时易产生裂纹，即“冷脆”现象，另外钢中磷高还极易形成偏析，降低钢的冲击韧性，增加焊裂敏感性。

2. 脱磷的反应方程式

$$2[P] + 5(FeO) = (P_2O_5) + 5[Fe]$$

$$(P_2O_5) + 3(FeO) = (3FeO \cdot P_2O_5)$$

当钢液温度高于1450℃时，（$3FeO \cdot P_2O_5$）就要发生分解，此时脱 P 效果不理想。为了去 P，使被氧化的 P 重新回到钢液中，此时就需要加入与 P_2O_5 反应能生成稳定化合物的 CaO，使之生成（$4CaO \cdot P_2O_5$），从而达到去 P 的目的。

$$(P_2O_5) + 4(CaO) = (4CaO \cdot P_2O_5)$$

脱 P 总的反应式如下：

$$2[P] + 5(FeO) + 4(CaO) = (4CaO \cdot P_2O_5) + 5[Fe]$$

3. 脱 P 的有利条件

（1）熔池温度要低（一般情况下，钢液温度高于其熔点 50～60℃即可），因为脱磷反应是放热反应，熔池温度高，对脱磷反应不利。

（2）渣中的 FeO 含量要高（12%～20%），即炉渣的氧化性要强。

（3）炉渣的碱度（R）要高，一般控制在 R=2～3 为宜。

（4）大渣量，流动性要好，增大渣量，就会降低渣中（P_2O_5）的浓度，从而继续脱磷，流动性好，能加速脱磷反应进行，利于快速去磷。

6.4 脱碳（碳的氧化）

1. 脱碳的方法

脱碳的方法有吹氧脱碳法、氧化剂脱碳法、综合脱碳法。

（1）吹氧脱碳法就是向熔池吹入氧气进行脱碳，在同等条件下能显著提高脱碳速度和钢液温度，缩短氧化时间，降低电耗，提高钢液质量，提高生产效率。

（2）氧化剂脱碳法就是往炉内加入矿石或氧化铁皮等，增加炉渣中（FeO）的含量，钢液中的碳就会被渣中的（FeO）氧化。

（3）综合脱碳法就是前面两种方法结合运用，但要注意吹氧脱碳速度远大于矿石脱碳速度，且钢液升温快，具有脱碳快、电耗低、升温快的特点；矿石脱碳则具有渣中（FeO）含量高、脱磷有利、铁损少的特点；具体应视钢液熔清后 C、P 的成分灵活运用。

2. 脱碳的目的

（1）去除钢液中的气体和夹杂物，净化钢液。

（2）均匀钢液的成分和温度。

3. 钢中夹杂物的来源

（1）内生夹杂物是在冶炼过程中脱氧反应所产生的氧化物和硅酸盐等。

（2）外来夹杂物是在冶炼和浇注过程中悬浮于钢液表面的炉渣，或者是炉体砖、出钢槽、钢包等脱落的耐火材料或其他夹杂物。

4. 脱碳（去气、去夹杂）的机理

钢液中碳氧反应生成的 CO 气泡，在钢液中上浮，刚生成的 CO 气泡对于钢液中的氢气、氮气相当于一个真空室，对钢液中的氢气、氮气来说其分压为零，因此溶解于钢液中的氢和氮将不断向 CO 气泡扩散并随 CO 气泡而带出。对于悬浮在钢液中的夹杂物，在氧化性的钢液中易形成低熔点、大颗粒的夹杂物，在沸腾的钢液中汇聚成更大的夹杂物上浮到渣中而被去除，同时碳氧反应生成的 CO 气泡在上浮过程中其表面也会粘附一些氧化物夹杂被去除。

5. 去气去夹杂的原因

（1）钢中的气体主要有氢、氮、氧。

① 氢在钢中，基本上是有害无利：

a. 使钢产生氢脆，降低钢的塑性和韧性；

b. 使钢产生白点，使钢的塑性和韧性明显降低；

c. 使钢产生缩孔，降低钢的强度。

② 氮对钢的性能有利有弊：

a. 引起钢的时效硬化；

b. 使钢产生“蓝脆”；

c. 产生皮下气泡、结疤等；

d. 钢中的氮和 Al、Ti 等作用生成 AlN、TiN，提高钢的强度塑性，能改善钢的焊接性能；

e. 能提高钢的强度和耐磨性。

③ 氧对钢的性能有害：

a. 生成 CO 气泡，形成气孔、气泡、疏松；

b. 形成氧化物夹杂，降低钢的性能；

c. 当钢中 S 含量高时，结晶过程中易生成 FeO-FeS 夹杂造成钢的热裂。

（2）钢中的非金属夹杂物。

钢中的非金属夹杂物会破坏金属基体的连续性，使钢的塑性、韧性和疲劳强度降低，也会使钢的冷、热加工性能变坏。

6. 脱碳的反应方程式

（1）矿石氧化：

$$(FeO) + [C] = [Fe]+\{CO\}\uparrow$$

（2）吹氧氧化：

$$[C]+1/2O_2=\{CO\}\uparrow$$

$$[Fe]+1/2O_2 = [FeO]$$

$$[FeO]+[C]=[Fe]+\{CO\}\uparrow$$

（3）两种脱碳方法的优缺点。

加矿脱碳需要一定的熔池温度才能反应，且矿石脱碳是吸热反应，会降低熔池的温度，脱碳速度慢还会增加电耗，但对脱磷有利。

吹氧脱碳是放热反应，能迅速提高熔池温度，脱碳速度快，电耗低，但对脱磷不利。

因此现在的钢厂普遍采用综合氧化法，既能快速去磷，又能快速脱碳，钢液升温快，对节电有利。

6.5 氧化期的操作原则

（1）氧化顺序上：先磷后碳。

（2）温度控制上：先慢后快。

（3）造渣上：先大渣量去磷、补加渣料后，稀薄渣下脱碳。

6.6 氧化期操作要点

1. 温度的控制

炉料完全熔化后搅拌取样分析化学成分，升温并进行测温操作，吹氧氧化温度≥1550℃，加矿氧化温度≥1570℃。最终到氧化末期，将钢液温度升高到大于该钢种的出钢温度20℃左右（不能太高）。

2. 脱碳量和脱碳速度的要求

（1）脱碳量对低碳钢≥0.30%即可，对高碳钢≥0.40%即可。

（2）脱碳速度：控制在 0.60%~1.8%/h 为宜。

3. 净沸腾

当熔池温度、钢液成分合适时，停止加矿或吹氧在稀薄渣下的熔池中连续进行微弱的碳氧反应，产生较为平缓的自然沸腾。净沸腾时间一般≥10 min，其目的是使钢液中气体和夹杂物充分上浮，使熔池中的碳氧趋于平衡。

在冶炼低碳低合金钢时，因钢液中过剩氧量多，应加入锰铁进行脱氧，保证 Mn≥0.20%，使钢液中的碳不再继续氧化，起到固定碳的作用。

4. 扒渣

（1）扒渣条件。

① 钢液温度要高于出钢温度20℃左右；

② 扒渣前钢液的化学成分应符合要求。

（2）扒渣要求。

① 扒渣速度要快，否则钢液急剧降温和吸气；

② 扒渣要干净彻底，因为氧化炉渣中含有较多的 FeO、P_2O_5等，为了减轻还原期脱氧负担和防止钢液回磷，必须扒净氧化渣（见图6-1）。

图 6-1 扒除氧化渣

6.7 氧化期操作易出现问题的几个环节

1. 脱碳量不够

脱碳量不够主要是由于熔清碳偏低(配料时配碳不准或吹氧助熔时插入钢液时间过长,还有可能因塌料引起沸腾等因素造成)。炼钢工在冶炼过程中只是象征性地增点碳(炼钢生铁),增碳后也不送样分析成分，待温度合适时就开始氧化，导致氧化期脱 C 量达不到≥0.30%，造成的后果就是钢液去气、去夹杂效果不理想。因为碳氧反应生成 CO 气泡由于脱 C 量不够，造成生成 CO 气泡数量就会减少，从钢中带出的气体和夹杂物的量也会随之减少，达不到工艺要求，满足不了钢液质量的要求。

2. 脱碳速度的控制

氧化期的碳氧反应要求的是激烈而均匀沸腾，不能是微弱沸腾或强烈沸腾，甚至是大沸腾。微弱沸腾说明脱碳速度不够，对钢液去气、去夹杂效果差，去磷、脱碳也慢。强烈沸腾或大沸腾说明脱碳速度高，造成危害大，钢水温度下降（被迫停止供电）；钢液吸气量增加，脱碳加剧，影响碳的控制；炉壁挂渣影响还原期操作，易回磷；钢水喷出引起钢水量减少，易引起人身和设备事故；对炉衬及炉盖的寿命影响较大。因此对冶炼低碳钢的脱碳速度控制在0.6%/h~1.80%/h 为佳。

3. 氧化末期终点碳的控制

氧化末期终点碳的含量，一定要低于钢种成品规格的下限一定的值，这个数值主要是由还原期操作增碳的多少来决定的：一是合金增碳；二是脱氧剂脱氧（SiC）增碳；三是电极头脱落没有发现增碳；四是与还原期造渣的炼钢工的技能水平高低有关。因此，特别是冶炼低碳钢时更要注意终点碳的控制，过低易使钢水过氧化，还要增碳，造成钢中气体和夹杂物增加，冶炼时间延长；过高易造成重氧化或还原期脱氧脱 S 效果差（SiC 脱氧剂用量小，不敢加，怕增碳），严重影响钢液质量，造成原材料浪费。

4. 净沸腾时间的控制

前面已介绍过什么是净沸腾，但很多炼钢工都忽视了静沸腾对钢液质量所起的作用，经常都是氧化末期还在加矿或吹氧时就取样去分析化学成分，此时主要是看 C、P（一般光谱分析成分需要5 min 左右的时间）等成分，回来一看差不多就开始扒渣了，这样就导致了净沸腾时间严重不足，而钢液中残余的含氧量无法降低，气体和夹杂物也来不及充分上浮，从而严重影响还原期脱氧操作和恶化钢水质量。一般情况下要求净沸腾时间一般≥10min。

5. 扒渣温度的控制及扒渣程度

（1）扒渣温度的高低决定了还原期的操作是否顺利。因为还原期钢液平静，升温比较困难，如果大电流（功率）供电，会造成钢液吸气量增加，同时由于电弧反射，直接影响炉盖、炉墙的寿命。由于扒除氧化渣、造还原渣加入合金等会降低钢液的温度，因此要求扒渣前钢液温度要大于该钢种的出钢温度20℃左右。

（2）扒渣要做到快速、干净彻底，防止钢液降温太多，吸气太多，利于还原期脱氧、脱硫操作，防止钢水回磷。

6.8 碳高氧化过猛、引起大沸腾跑钢

1. 造成大沸腾的原因

（1）一般钢液熔清 C 高就伴随着 P 高，此时炼钢工易着急，既想脱 P 又想去 C，此时易在熔池过低的情况开始加入大量铁矿石，但低温加矿时并不发生沸腾，只是大量增加了渣中的 FeO 含量，碳还不能被 FeO 氧化，待温度上来后，碳氧开始反应，产生沸腾，导致渣钢接触面积增加，促使反应进一步加剧，结果造成大沸腾；

（2）加矿过多过快，特别是小块度的矿石加入过多过快，导致熔池温度下降，大量增加了渣中的 FeO 含量，此时碳氧反应缓慢，待温度合适时，就跟低温加矿一样，碳氧急剧反应造成大沸腾；

（3）加矿的同时还吹氧，特别是当熔池温度偏高时反应激烈，造成大沸腾；

（4）炉渣过黏，流动性不好，导致加入的铁矿石浮在渣面上，渣钢之间反应条件差，一旦条件合适，碳氧也会发生激烈反应造成大沸腾；

（5）炉盖或炉墙砖垮塌而进入钢液面，也会引起大沸腾。

2. 大沸腾带来的坏处

（1）大沸腾时要停止供电，导致钢液温度大大下降，不仅耗电还延长了冶炼时间，还会损坏炉衬；

（2）大沸腾虽然脱碳量较大，但效果很差，钢中气体和夹杂物得不到很好的去除，钢液因大沸腾而增加了吸气量，恶化了钢液质量；

（3）大沸腾时会造成炉壁挂渣，到还原期时流下来导致还原期操作困难和回磷；

（4）大沸腾易造成钢水从大炉门和电极孔喷出，造成钢水量减少，生产效率降低，甚至会引发人身、设备安全事故（见图 6-2）。

图 6-2　大沸腾造成钢水从大炉门和电极孔喷出

3. 防止大沸腾

（1）注意加矿温度；

（2）控制加矿速度；

（3）调整好炉渣的碱度和流动性；

（4）炼钢工要调整好心态，不能着急，认真按操作规程操作。

6.9 超高磷的去除

1. 超高磷的判断

这里指的超高磷，通常是指熔清后分析化学成分 P 含量≥0.20%以上。在实际冶炼过程中我们还遇到过熔清磷达到0.30%～0.80%的炉次。

2. 主要操作步骤

（1）放尽熔化渣。

（2）造新渣，要求碱度高、渣量大，吹氧化渣。

（3）加入适量的氧化铁皮或碎矿石，增加渣中 FeO 的含量。

（4）控制好钢液温度，始终记住：低温去 P。

（5）继续吹氧（浅插钢水），待熔池开始沸腾、炉渣发泡，渣面上升时可深吹氧，进行大量流渣操作。

（6）待流渣后继续造新渣，要求碱度高、渣量大，吹氧化渣；加入适量的氧化铁皮或碎矿石，增加渣中 FeO 的含量，控制好钢液温度，继续吹氧（浅插钢水），待熔池开始沸腾、炉渣发泡，渣面上升时可深吹氧，进行大量流渣操作。

（7）取样分析待磷的成分符合要求时即低于成品规格的50%时才能进行下一步操作（此时一定要注意钢液的碳含量，保证氧化所需的脱碳量），否则还要继续重复第（6）步操作。

（8）特别注意：整个操作过程不能大功率供电，否则钢液升温太快，钢液温度高对去磷极为不利。

第7章

还 原 期

7.1 还原期的任务

（1）脱氧。将钢液中溶解的氧含量下降到0.002%~0.003%的水平，同时减少脱氧产物对钢液的玷污程度。

（2）脱硫。保证成品钢的硫含量小于规格要求，对质量要求严格的钢种，硫含量越低越好。

（3）调整化学成分。进行合金化操作，保证成品钢中所有元素的含量符合工艺技术标准要求。

（4）调整温度。确保冶炼的正常进行和有良好的浇注温度。

7.2 氧对钢的危害

（1）氧在钢中的溶解度随温度的降低而降低。如果氧含量高，在凝固结晶时以 FeO 的形式从钢水中析出，并与碳反应生成 CO 气泡，在铸件内形成气孔、气泡和疏松。

（2）钢水在结晶过程中，分离出来的氧不仅与碳反应，还与硅、锰、铝等元素反应生成氧化物夹杂。

（3）如果钢中硫含量高时，在结晶过程中以 FeO 状态分离出来的氧与钢水中的 FeS 生成 FeO-FeS 夹杂，造成钢的热裂。

（4）钢中含氧量高，会使钢的综合性能变坏，因此必须最大限度脱除钢中的氧。

7.3 脱氧方法及其优缺点

1. 沉淀脱氧

沉淀脱氧又称直接脱氧，就是直接向钢液中加入脱氧剂（硅铁、锰铁、硅钙、铝等）生成稳定的氧化物并和钢液分离，上浮进入炉渣，以达到降低钢中氧含量的目的。

优点是：操作简便、反应迅速、生产效率高、成本低。

缺点是：一部分脱氧产物残留在钢液中，影响钢的纯洁度。

2. 扩散脱氧

扩散脱氧又称间接脱氧，就是设法降低渣中 FeO 含量，使其低于与钢液相平衡的氧含量，则钢液中的氧就会转移到炉渣中，从而使钢中含氧量降低。其基本原理就是依据溶质在两种互不相溶的溶剂中溶解度成一定比值的分配定律。

优点是：不会玷污钢液，钢液纯净度高。缺点是：反应速度比较慢。

3. 综合脱氧

综合脱氧就是还原期开始用沉淀脱氧，加入锰铁、硅铁、铝块等，又称为预脱氧；薄渣形成后，用粉状脱氧剂扩散脱氧；出钢前再用强脱氧剂铝块、硅钙块等沉淀脱氧的方法。

优点是：兼有沉淀脱氧和扩散脱氧的优点，既脱氧速度快，还对钢液玷污少。

缺点是：根据脱氧剂的不同，还原期造渣操作不好易使钢液增碳、增硅。

7.4 脱 硫

7.4.1 硫对钢的危害

硫在钢中是有害元素，使钢产生热脆，硫在钢液结晶时产生偏析，加剧了硫的有害作用。另外硫含量高时，硫化物夹杂也会增多，影响钢的力学性能。只有在易切削钢等个别钢种中，硫才是有益元素。所以，通常在炼钢过程中应尽量去除硫。

7.4.2 脱硫反应

$$[FeS] + (CaO) = (CaS) + (FeO)$$

$$[MnS] + (CaO) = (CaS) + (MnO)$$

7.4.3 脱硫的影响因素

1. 炉渣碱度

渣中含有 CaO 是脱硫的首要条件，因为提高渣中 CaO 的浓度（即炉渣碱度），有利于脱硫反应的进行，生成稳定的反应物 CaS 等。但是炉渣碱度过高（即渣中 CaO 过多）会使炉渣流动性变坏，反而不利于脱硫反应的进行。生产经验表明，当炉渣碱度 R=3左右时，脱硫效果最好。

2. 渣中（FeO）含量

还原期经过脱氧后，渣中(FeO)含量逐渐降低。从脱硫反应式可以看出，随着（FeO）含量的降低，有利于脱硫反应的进行。当(FeO)含量降低到0.5%以下时，炉渣的脱硫能力显著提高。由于[%C]·[%O] = 0.0025，[%C]·[%S] = 0.011，所以[%S] ≈ 4[%O]。故只有渣中(FeO)含量低，才能确保脱硫效果。

3. 炉渣温度

脱硫反应的平衡常数 K_s 与温度曲线关系式为：

$$\lg K_s = -6024 / T + 1.79$$

钢液在 1500~1650°C 温度范围内，K_s 随温度的变化值不大，所以温度对脱硫的平衡状态影响不大。但是钢渣间的脱硫反应远离平衡状态，脱硫的限制性环节是硫的扩散速度小。因此提高熔池温度改善了钢渣的流动性，提高了硫的扩散速度，从而加速了脱硫的能力。

4. 渣　量

适当加大渣量可以稀释渣中(CaS)浓度，对去硫有明显的效果。在实际生产操作中，渣量一般控制在钢水量的3%~5%（可根据单炉钢水需要的浇注时间来控制），如果渣量过大使渣层过厚，脱硫反应就不够活跃，脱硫效果反而不理想，为此钢中的硫并不随着渣量的增加而按比例下降。同时渣量过大耗电也大，原材料消耗比也增加。还原期一般都不换渣去硫，以免钢液降温和增加气体含量。但当炉料含硫量较高时，也可适当增大渣量，并采用换渣脱硫。当熔清硫含量特别高（>0.10%~0.80%）时，建议进入还原期预脱氧后不加合金，进行强制脱氧、脱硫操作（造白渣流渣或扒渣，反复换渣操作）。由于反复换渣造白渣操作，时间长，钢液易增碳、吸气，夹杂物也会增加，待硫含量合适时（≤0.080%）送样分析碳，再进行重氧化、还原操作，以确保钢水质量要求。

5. 炉渣的流动性

还原期渣量较大，渣中加入萤石(CaF_2)能改善还原渣的流动性，提高硫的扩散能力有利于脱硫。同时 CaF_2能与硫形成易挥发物，有直接脱硫作用还不影响炉渣的碱度。但 CaF_2对炉衬有较强的侵蚀作用（特别是粉末状的 CaF_2），所以用量不宜过大。

7.5 冶炼过程中硫的控制

脱硫反应主要是在还原期和出钢过程，但是应该从整个冶炼过程中的各个环节注意控制钢液中硫含量的变化，才能取得良好的效果。

1. 配料

应注意高硫钢铁料的适当搭配，分散使用，以免造成某些炉次硫含量过高，造成脱硫操作困难。

2. 熔化期和氧化期

在保证完成熔化、氧化两期主要任务的前提下，注意运用氧化渣脱硫手段脱掉一部分硫，以减轻还原期脱硫的任务。通过造高碱度、流动性良好的炉渣，适当提高熔池温度，炉渣是具有一定的脱硫能力的，脱硫一般可达15%~30%。

3. 还原期

脱硫和脱氧操作是一并进行的，还原期的炉渣必须具备以下条件：

（1）钢液脱氧良好，迅速造好流动性良好的白渣，渣中（FeO）含量要控制在0.5%以下；

（2）炉渣必须有较高的碱度，具有足够的渣量；

（3）保证在较高的温度下进行脱硫操作，同时要加强推渣搅拌，加速脱硫反应的进行；

（4）钢液含硫量过高时，可考虑增大渣量或扒除一部分还原渣，补加渣料再进行造渣脱硫。

4. 出　钢

出钢过程是脱硫操作的重点，是钢液大量脱硫的关键环节。由于脱硫反应在炉内远未达到平衡，在出钢过程中，渣钢激烈混冲，使两相接触面急剧增加，脱硫反应容易趋于平衡。在正常出钢过程中，至少可以脱除30%~50%的硫。

冶炼生产实际操作表明，电炉炼钢中硫含量出格大多是因为出钢过程中炉渣受阻，先钢后渣或钢流细散，混冲无力造成的。因此在出钢过程中应适当加大出钢口和放低钢包，使钢渣同出，激烈混冲，进一步降低钢液中的含硫量。

7.6 还原期造渣制度

1. 碱度和（FeO）含量

炉渣碱度和(FeO)含量直接影响还原渣的脱硫能力，为了保证钢液中的氧含量符合规定要求，白渣的碱度一般应保持在R=3左右，出钢(FeO)含量应小于0.5%。

2. 炉渣的流动性

炉渣的流动性是影响渣钢间物化反应的重要因素，流动性良好的炉渣能活跃物化反应的进行，炉渣过稀或过稠都会降低脱氧、脱硫的速度，同时还会增加钢中气体含量。

还原期调整炉渣流动性大多数采用萤石，也可掺加部分碎火砖块（含杂质较多）或用石英砂来代替部分萤石。（当年在巴基斯坦炼钢时就是采用石英砂代替萤石调整炉渣的流动性，达到预期效果）

炼钢生产实际表明，用萤石调渣时，炉渣较稀，钢液易吸气；用火砖块或石英砂调渣时，因含 SiO_2 较高，会降低炉渣的碱度，所以对各种稀释剂的用量要严格控制，保证炉渣流动性良好就可以了。

3. 渣　量

还原渣量一般控制在3%~5%，大容量电炉和冶炼中碳钢时取下限，小容量电炉和冶炼低碳钢以及对夹杂物和裂纹有严格要求的钢种取上限，冶炼含贵重合金元素钢种可适当减少渣量，以提高合金的回收率。

7.7 炉渣状况判断

评定白渣好坏，首先注意渣色，不仅要看炉渣白的程度，而且还要看白渣的保持时间。白渣颜色稳定且保持时间长，才能说明钢液脱氧良好。渣色反复变化，说明炉渣脱氧不良。碱性渣随着炉渣的氧化性而呈现不同的颜色，所以渣色是炉渣与钢液脱氧程度的标志。炉渣的氧化性根据炉渣的颜色来判断，由强到弱的颜色变化是：黑色→棕色→黄色→淡黄色→白色。还原期如果炉渣呈淡黄色、黄色、棕色或发黑时，说明炉渣脱氧不良，需要进一步脱氧，此时要注意炉渣的碱度和流动性，不能造成电石渣，如果炉内模糊不清且伴有异味时，必须予以破坏，使之变成白渣，否则增碳太快，成分不易掌控。

正确判断渣况对炼钢工的冶炼操作十分有利。氧化渣和电石渣的主要区别：

（1）氧化呈黑色且发亮，电石渣呈灰黑色，有时还带有白色条纹；

（2）氧化渣遇水无反应，电石渣遇水后分解出难闻的乙炔气味；

（3）炉渣冷却下来，氧化渣比较疏松，电石渣较致密；

（4）打开炉门观察时，若是氧化渣则炉内较清楚，若是电石渣则炉内模糊不清；

（5）电石渣烟尘较浓，颜色发灰黑，白渣或弱电石渣烟尘呈灰白色，炉渣脱氧不良时烟尘呈灰黄色，需要继续脱氧操作（见图 7-1）。

随时观察和掌握炉渣颜色，对控制钢液成分有很大影响，若灰渣易增碳，黄渣下加合金的回收率偏低，黄渣下出钢硅、锰、铬等元素易降低。

总之，在炼钢操作中要随时观察炉内渣况，如果有不正常现象，要及时进行调整、处理。

图 7-1　炉渣脱氧不良时呈灰黄色

7.8　钢液的合金化

电炉炼钢成分控制贯穿于整个炼钢过程，从配料到出钢的各个环节，还原期的成分控制是重点。成分控制要保证成品钢的元素含量全部符合标准要求。还原期调整成分时，应尽可能提高合金元素的回收率，减少合金元素的烧损，节约合金的用量。尤其是贵重元素和稀缺元素，更要节约使用，在不影响钢的性能的前提下，按中下限控制，不被氧化的合金元素按下限控制，减少加入量，节约生产成本。

7.8.1　合金元素加入的原则和顺序

（1）与氧亲和力小的合金元素要早加，与氧亲和力大的合金元素要晚加；

（2）熔点高、密度大的合金应早加，反之则晚加；

（3）加入量多的元素应早加，加入量少的晚加；

（4）与氧亲和力极强的元素（Al、Ti、B、Re 等）在还原期出钢前或盛钢桶中加入。

7.8.2 合金元素的回收率

调整成分时，应尽可能提高合金元素的回收率，减少合金元素的烧损，节约合金的用量。影响合金回收率的因素：

（1）钢液的含氧量，钢液中的含氧量直接影响合金元素的烧损；

（2）炉渣的黏度和渣量，如果炉渣的黏度大或渣量大，部分密度较小的合金元素加入炉内后浮在渣钢界面上，则合金元素的收得率偏低；

（3）炉渣化学成分的影响，当用与氧亲和力特别大的合金元素时，渣中的氧化物将被还原，导致合金元素收得率降低；

（4）合金元素的加入量，一般情况下，钢中合金元素的规格含量高，加入合金元素量大时合金回收率高；

（5）合金元素的加入方法，某些与氧亲和力大的合金元素，它们的加入方法不同，回收率也不同。

7.8.3 合金加入量的计算

1. 碳钢、低合金钢及单元素高合金钢的计算

$$\text{铁合金的加入量}=\frac{\text{钢水量}\times(\text{规格含量}-\text{钢液残余量})}{(\text{铁合金成分}-\text{规格含量})\times\text{回收率}}\ (\text{kg})$$

例7-1：返回吹氧法冶炼3Cr13钢，已知装料量为25 t，炉料的综合收得率为96%，炉内分析铬的含量为8.5%，铬的控制规格成分为13%，铬铁中铬的成分为65%，铬的收得率为95%。求铬铁补加量？

解：

$$G_{Fe-Cr}=\frac{25000\times96\%\times(13-8.5)\%}{(65\%-13\%)\times95\%}=2186(kg)$$

验算：

$$[Cr]=\frac{25000\times96\%\times8.5\%+2186\times65\%\times95\%\times100\%}{25000\times96\%+2186\times95\%}=12.99\%$$

碳钢、低合金钢中的合金元素很少，则按以下公式计算：

$$铁合金的加入量=\frac{钢水量\times(规格含量-钢液残余量)}{铁合金成分\times回收率}\ (kg)$$

例7-2：冶炼45钢，出钢量为25800 kg，炉内分析锰为0.15%，要求将锰配到0.65%，求需要加入多少含锰为68%的锰铁（锰的收得率按98%计算）

解：锰铁加入量：

$$G=\frac{25800\times(0.65-0.15)}{68\%\times98\%}\%=193.6\ (kg)$$

验算：

$$[Mn]=\frac{25800\times0.15\%+193.6\times68\%\times98\%}{25800+193.6}\times100\%=0.65\%$$

还原期补加合金除了计算合金补加量外，还要考虑到合金加入后钢液含碳成分的变化，因此要计算加入合金的增碳量：

$$增碳量=铁合金含碳量\times\frac{铁合金加入量\ (kg)}{钢水量\ (kg)}$$

2. 多元素合金钢加入量的计算

多元素合金钢因为各种合金的加入量都很大，所以每一种合金元素的加入对其他元素在钢中的含量影响都很大。上述简单的计算达不到要求，因此不能采用上述公式计算，这里介绍几种基本的计算方法：

（1）补加系数法。

补加系数法是指每加入100 kg 合金料需要补加的合金数量。计算方法如下：

$$各项合金占有量=\frac{规格}{合金成分}\times 100\%$$

$$纯钢水占有=100\%-各项合金占有量之和\%$$

$$补加系数=\frac{合金占有\%}{纯钢水占有\%}$$

此方法是比较简单、有效的方法。一般适用于还原期分析的各合金元素成分都低于规格要求的计算。

例7-3：冶炼0Cr18Ni9Nb 时，钢液重15000 kg，钢的化学成分如下：

元素	C	Si	Mn	Cr	Ni	Nb
控制成分/%	0.06	0.65	1.50	19.00	9.50	0.50
分析成分/%	0.06	0.60	1.50	17.00	8.90	0.48

选用的合金成分及收得率如下：

合金名称	元素含量/%	收得率/%
电解镍	99.9	100
微碳铬铁	69.8	98
铌铁	49.6	95
金属锰	99.4	95
硅铁	44.5	90

解：第一步，求出合金补加系数。

各项合金占有：

Fe-Cr $\frac{19\%}{69.8\%}\times100\%=27.22\%$

Ni $\frac{9.5\%}{99.9\%}\times100\%=9.51\%$

Fe-Nb $\frac{0.5\%}{49.6\%}\times100\%=1.01\%$

Mn $\frac{1.50\%}{99.4\%}\times100\%=1.51\%$

Fe-Si $\frac{0.65\%}{44.5\%}\times100\%=1.46\%$

纯钢水占有：

$$100\%-(27.22+9.51+1.01+1.51+1.46)\%=59.29\%$$

各项合金补加系数：

Fe-Cr $\frac{27.22}{59.29}=0.459$

Ni $\frac{9.51}{59.29}=0.16$

Fe-Nb $\frac{1.01}{59.29}=0.017$

Mn $\frac{1.51}{59.29}=0.025$

Fe-Si $\frac{1.46}{59.29}=0.0246$

第二步，按照单一元素计算合金补加量：

$$\text{Fe-Cr} = \frac{15000\times(19-17)\%}{69.8\%\times100\%} = 439\ (\text{kg})$$

$$\text{Ni} = \frac{15000\times(9.5-8.9)\%}{99.9\%\times100\%} = 90\ (\text{kg})$$

$$\text{Nb} = \frac{15000\times(0.5-0.48)\%}{49.6\%\times95\%} = 6.4\ (\text{kg})$$

$$\text{Mn} = \frac{15000\times(1.5-1.5)\%}{99.4\%\times95\%} = 0\ (\text{kg})$$

$$\text{Si} = \frac{15000\times(0.65-0.6)\%}{44.5\%\times90\%} = 18.7\ (\text{kg})$$

合计：

$$439+90+6.4+0+18.7=553.1\ (\text{kg})$$

另外需配加：

Cr　　553.1×0.459=253.3（kg）

Ni　　553.1×0.16=88.7（kg）

Nb　　553.1×0.017=9.4（kg）

Mn　　553.1×0.025=13.9（kg）

Si　　553.1×0.0246=13.6（kg）

共需补加合金：

Cr　　439+253.3=693.3（kg）

Ni　　90+88.7=178.7（kg）

Nb　　6.4+9.4=15.8（kg）

Mn　　0+13.9=13.9（kg）

Si　　18.7+13.6=32.3（kg）

共加入合金料 934 kg。总钢水量为：

$$15000+934=159349\ (kg)$$

验算：

Cr　　$\frac{15000\times17\%+693.3\times69.8\%\times98\%}{15934}=18.98\%$

Ni　　$\frac{15000\times8.9\%+178.7\times99.9\%}{15934}=9.5\%$

Nb　　$\frac{15000\times0.48\%+15.8\times49.6\%\times95\%}{15934}=0.5\%$

Mn　　$\frac{15000\times1.50\%+13.9\times99.4\%\times95\%}{15934}=1.49\%$

Si　　$\frac{15000\times0.60\%+32.3\times44.5\%\times90\%}{15934}=0.65\%$

验算结果符合要求。

（2）拉配法。

拉配法是用基本的计算方法，经过反复多次运算，使各元素之间互相弥补拉平。适用于某些合金元素高于规格要求、某些合金元素成分低于规格要求的计算。

例7-4：冶炼0Cr18Ni10，钢液质量为24t，还原期炉内分析成分为：16%Cr、10%Ni；铁合金成分为：铬铁含65%Cr、镍板含99%Ni。钢的元素控制规格成分：Cr17.5%、Ni10.5%。为计算方便起见，铬、镍的收得率为100%，要求用反复拉补法计算合金补加量?

解：铬铁第一次补加量计算：

$$\text{Fe-Cr} = \frac{24000\times(17.5-16.0)\%}{(65-17.5)\%} = 757.89\ (\text{kg})$$

补加 757.89 kg 铬铁后，镍含量降低值：

$$\Delta\text{Ni} = \frac{10\%\times 757.89\times 100\%}{24000+757.89} = 0.306\%$$

镍板第一次补加量：

$$\text{镍板} = \frac{(24000+757.89)\times[10.5-(10-0.306)]}{(99-10.50)\%}$$

$$= 225.48\ (\text{kg})$$

补加 225.48 kg 镍板后，铬含量降低值：

$$\Delta\text{Cr} = \frac{17.5\%\times 225.48}{24000+757.89+225.48}\times 100\% = 0.158\%$$

计算第二次铬铁补加量：

$$\text{Fe-Cr} = \frac{(24000+757.89+225.48)\times 0.158\%}{(65-17.5)\%} = 83.10\ (\text{kg})$$

补加 83.10 kg 洛铁后，镍含量第二次降低值：

$$\Delta\text{Cr} = \frac{0.5\%\times 83.10}{24000+757.89+225.48+83.10}\times 100\% = 0.0348\%$$

计算镍板第二次加入量：

$$\text{镍板} = \frac{(24000+757.89+225.48+83.10)}{(99-10.5)\%}\times 0.0348\% = 9.86\ (\text{kg})$$

因第二次加镍板量较少，故对铬含量已较小，不再往下计算。所以得出：

$$铬铁补加总量为 757.89+83.10\approx 841\ (kg)$$

$$镍板总补加量为 225.48+9.86\approx 235\ (kg)$$

验算：

$$[Cr] = \frac{24000\times 16\% + 841\times 65\%}{24000+841+235}\times 100\% = 17.49\%$$

$$[Ni] = \frac{24000\times 10\% + 235\times 99\%}{24000+841+235}\times 100\% = 10.5\%$$

（3）正负调差法。

此方法适用于化学成分规格范围较窄的多元素高合金钢和精密合金等。

例7-5：冶炼4J29合金，钢水量为4000 kg，合金化采用纯镍、纯钴、纯锰、金属铬和纯铁。成分情况如下：

元素	Ni	Co	Mn	Cr
控制要求/%	29.1	17.3	0.25	0.13
还原分析/%	29.55	17.0	0.20	0.08

进行成分调整，计算合金补加量。

解：从所给条件看出，合金中的镍含量已超出规格要求，现进行正负调差。

合金调差：

Ni　$4000\times(29.1-29.55)\% = -18\ (kg)$

Mo　$4000\times(0.25-0.20)\% = 2\ (kg)$

Co　$4000\times(17.3-17.0)\% = 12\ (kg)$

Cr　$4000\times(0.13-0.08)\% = 2\ (kg)$

炉内平衡：假想取出18 kg镍，再加上18 kg所需合金，即加入12 kg钴，2 kg锰，2 kg金属铬，所缺可加2 kg纯铁，达到假想平衡。

炉外平衡：由于炉内纯镍不可能取出，可假想在炉外为18 kg纯镍配制4J29钢液，其钢液量为18 ÷ 29.1% = 62 kg。其中需要：

$$Co = 62\times17.3\% = 10.7\ (kg)$$

$$Fe = 62-10.7 = 33.3\ (kg)$$

锰、铬因含量低可不考虑。

验算：

$$出钢量 = 4000 + 62 = 4062\ (kg)$$

$$Ni = \frac{4000\times29.55\%}{4062}\times100\% = 29.1\%$$

$$Co = \frac{4000\times17\% + 22.7\times100\%}{4062}\times100\% = 17.3\%$$

7.9 还原期温度的控制

7.9.1 冶炼温度控制的重要性

温度的控制贯穿于整个冶炼过程，但还原期的温度调整尤为重 要。正确的温度控制不仅能保证还原期各项任务的顺利完成，而且还直接影响浇注工序能否正常进行。

1. 温度对还原精炼操作的影响

还原期精炼需要在适当的温度下进行，温度过高或过低均不利于还原精炼的进行。

温度过高，炉渣变稀，使白渣不稳定易变黄，钢液脱氧不良且易吸气，对炉衬侵蚀严重，影响炉龄及增加外来夹杂物。

温度过低，炉渣流动性差，钢渣间的物化反应不能顺利进行，脱氧、脱硫和钢中的夹杂物上浮等都进行不好，而且钢液的成分不均匀性严重，直接影响化学成分分析的稳定性。还原后期升温，影响炉墙、炉盖的使用寿命，延长了冶炼时间。

2. 温度对钢液成分控制的影响

还原期温度高低对合金元素的回收率、钢液成分均匀性、分析试样的代表性均有很大的影响。

温度偏高时，易氧化的合金元素如 Al、Ti、B 等的回收率降低，Si、Mn、Cr 等元素的回收率偏高，特别是含 Al、Ti 的钢种的 Si 易出格。温度偏低时，W、Mo 等元素回收率偏低，钢液成分不易控制。

3. 温度对浇注操作的影响

温度过高，在出钢和浇注过程中易吸收气体，二次氧化严重，对盛钢桶和汤道等耐火材料的侵蚀加剧，增加外来夹杂物，易发生盛钢桶穿漏钢事故。

温度过低，造成镇静时间不足，钢中的夹杂物和气体不能充分上浮，影响钢的内在质量。易造成塞头粘掉，浇注的钢流不呈股（散流），影响浇注质量及浇注的顺利进行，甚至是低温钢水无法正常浇注只能回炉重炼等。

7.9.2 熔池温度的判断

熔池温度判断应依据仪表测量为主，结合对操作情况的分析，判断出实际温度。对不正常情况温度的判断尤其重要。

炉前出现以下情况可能温度过高：

（1）炉料中配有高硅废钢，含硅量打0.8%以上；

（2）氧化法冶炼脱碳量大于0.5%；

（3）还原期碳高重氧化；

（4）出钢前加入大量硅铁使温度提高。下列情况可能出现温度过低：

（1）熔化末期因塌料抬高电极，停电次数较多；

（2）氧化期磷高，扒渣次数多；

（3）出钢炉渣黏稠，渣子出不去。

冶炼操作时应时刻注意炉内情况，如熔池温度低，应采取措施尽快提高温度，避免还原后期升温，如熔池温度过高，则应注意加强对炉衬渣线部位（特别是 2#渣线和大小炉门两侧）的检查和维护，防止穿炉事故的发生。

7.9.3 合理的供电制度

整个精炼过程的温度控制应由高到低较为合理，高温氧化、中温还原、低温浇注。这有利于高产、优质、低耗。

1. 熔化期

在通电起弧后10 min 内一般用第二级电压供电，以免弧光损坏炉盖，但当炉顶处装有相当数量的废钢（轻薄料、钢屑等）时，也可以直接用大功率送电。在熔化前期和中期以最大功率输入，保证快速熔化，熔化后期应减小输入功率，保护炉墙和炉盖不受热辐射损伤。

2. 氧化期

与熔化期相比，输入功率可适当减小，但为了满足钢液升温的需要，在造好泡沫渣的情况下，可用较大功率送电。一般情况下，氧化期采用中级电压和中级电流送电。

3. 还原期

加入稀薄渣料后，用中级电压和大电流化渣。当还原渣形成后，为了减少脱氧剂烧损及维护炉衬，应转为低级电压供电。在正常情况下应小功率输入，只需弥补炉体正常的散热损失即可。

7.9.4 出钢温度的控制

出钢温度不当会给下工序的操作带来困难，影响浇注铸件的质量。出钢温度由钢的熔点及出钢到浇注过程中钢液的热损失来决定。一般高出钢种熔点80~150℃，即

$$T_{出钢} = T_{熔点} + (80\sim150)℃$$

出钢后钢包内要进行吹氩精炼的钢种因热损失较大，可取上限。

7.10 还原期操作要点

冶炼操作实际表明，还原期脱氧好，脱硫就快，合金回收率高，成分稳定。选择合理的脱氧制度和造好还原渣是还原期最重要的任务，它直接影响还原期其他任务的完成。

7.10.1 白渣精炼

白渣精炼操作要点：

（1）扒渣完毕迅速造稀薄渣覆盖钢液，防止钢液吸气和降温。

（2）薄渣料形成后，根据钢种要求进行预脱氧，一般插铝量为0.5 kg/t。

（3）稀薄渣化好后，可适当补加渣料后用脱氧剂进行脱氧操作。关闭炉门使炉内形成良好的还原气氛，迅速脱氧。根据渣色适当补加脱氧剂，保持流动性良好的白渣。

（4）白渣下搅拌取样分析化学成分，为钢液合金化提供依据。可适当补加渣料，保证炉渣碱度和流动性良好，继续脱氧，保持白渣状态。

（5）在白渣精炼过程中应搅拌、测温，使温度和成分均匀。流动性良好的白渣一般应保持20~30 min。

（6）还原期所加渣料和合金、脱氧剂均要进行烘烤，保持干燥，减少钢液吸气。

（7）还原期应取两次样进行分析，以保证分析的准确性。

（8）出钢前5 min，禁止向渣面撒加碳粉和脱氧剂（SiC），避免钢液成分波动。

7.10.2 电石渣精炼

电石渣精炼操作要点：

（1）造稀薄渣，预脱氧与白渣法操作相同。

（2）造电石渣，稀薄渣形成后在渣面上加入碳粉3~4 kg/T钢，或加入电石和少量碳粉4~5 kg/T 钢，关闭炉门，输入较大功率，在电弧高温下碳粉与氧化钙反应生成碳化钙，由炉内冒出大量黑烟。

此反应式为：

$$3C+(CaO) = (CaC_2)=\{CO\}\uparrow$$

（3）电石渣的脱氧反应式为：

$$3(FeO)+(CaC_2) = 3[Fe]+(CaO)+2\{CO\}\uparrow$$

（4）电石渣形成后一般情况下保持20~30 min，渣子变白，再加硅铁粉继续脱氧，加强搅拌，白渣保持20~30 min。电石渣遇水发出臭味，这是电石渣区别于白渣的重要标志。

（5）电石渣精炼时，出钢前必须变成白渣，在白渣下出钢，在电石渣下出钢易造成夹渣。

（6）电石渣精炼钢液增碳和增硅较重，一般增碳0.03%~0.10%，增硅0.01%~0.10%，生产中很少采用电石渣精炼。

7.10.3 还原期时间控制

还原精炼对钢质量提高十分有利，过分强调扩散脱氧不沾污钢水，使得还原时间拖长，势必影响产量，增加能耗，降低炉龄，还导致夹杂和气体（H、N）含量增加。从钢中[O]的降低速度来看，在还原期前30~40 min 降得较快，再延长则降得很慢。所以，正常情况下，一般合金钢的还原时间应控制在60 min 以内为宜。

7.11 还原期常见的异常问题及处理

7.11.1 扒渣不彻底（不干净）

因为氧化渣中(P_2O_5)和(FeO)含量较高，如果氧化渣不扒干净、不彻底。进入还原期会造成钢液回磷，还原渣也不易造好，给脱氧操作增加负担。

操作上要注意：

（1）扒除氧化渣要迅速、彻底、干净，防止钢液大幅度降温和吸气。

（2）扒除氧化渣时先不升高电极，将要扒完时才升高电极，减少热损失造成的钢液降温。

（3）如氧化末钢液的碳含量偏低时，可向渣面撒一定量的碳粉使炉渣起泡，便于除尽氧化渣。

（4）插电极扒渣的方法不可取，因为增碳量不易控制，钢液吸气严重，降温也快。尽量杜绝插电极扒渣。

7.11.2 白渣保持时间不够

白渣脱氧是根据扩散脱氧的原理进行的，而扩散脱氧的过程比较慢，需要一定的时间才能达到脱氧的目的，如果白渣保持时间不够，则会造成脱氧不良，夹杂物增加（见图7-2）。因此用白渣扩散脱氧，要保证脱氧良好，必须要让钢水在白渣下保持一定时间，使钢水中的氧扩散到炉渣中去。具体的保持时间应根据钢种的质量要求来确定，一般20~30 min 即可。

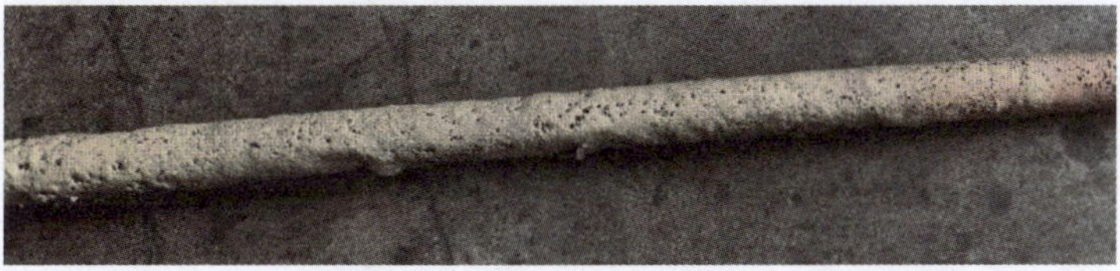

图 7-2　脱氧不良的炉渣

7.11.3　炉顶、炉盖、出钢槽清洁工作不彻底

炉顶、炉盖、出钢槽如不进行清扫工作，则在出钢倾炉过程中这些地方的积灰一部分就会进入钢包中，增加了钢水中的外来夹杂，严重影响钢液的质量，另外积灰还会影响炉盖的散热，从而影响其使用寿命（见图 7-3）。炉顶电极夹头积灰还易引起打火现象，甚至是打火漏水，影响生产和夹头的使用寿命。因此要求每班开炉前应对以上三处进行清洁作，以保证生产的正常进行和钢液的质量要求。

图 7-3　炉顶、炉盖、出钢槽积灰

7.11.4 还原期时间太长的危害，缩短还原期的方法

如果还原期操作时间过长，则会影响产能、动能增加，炉体使用寿命缩补，导致夹杂物和气体含量增加，对钢液质量危害较大。

缩短还原期的主要方法：

（1）迅速、彻底、干净扒除氧化渣后，造稀薄渣并进行预脱氧。

（2）稀薄渣形成后加入合金补加渣料，用脱氧剂进行脱氧，少量多批次，防止钢液增碳，增硅。

（3）可以造碱度不高的白渣或灰白渣，迅速成渣，缩短还原期，有利于提高钢的内在质量。脱硫则依靠炉外脱硫操作来完成。

7.11.5 还原期电极头掉未发现

还原期电极头掉未发现引起的后果就是钢液增碳，甚至是碳出格被迫进行重氧化操作，还有可能堵在出钢口，造成炉渣出不去，出钢过程中造成钢液增碳吸气，二次氧化严重。因此，在还原期的操作要注意：

（1）听声音，在电极头刚掉下来时，因电极要下降，此时电极和电极头之间产生电弧会产生不一样的声音，比正常还原期时的声音要大（还原期操作的炼钢工精力要高度集中，学会勤观察电极的情况）。

（2）勤搅拌炉渣也会发现电极头。

（3）发现炉内有掉落的电极头应立即扒除，防止钢液增碳。

7.11.6 还原期造成电石渣的处理方法

由于电石渣和钢液湿润性好，在电石渣下出钢易造成夹渣，玷污钢液，所以必须在白渣下才能出钢。

处理方法：

（1）打开炉门，适当增大输出功率，使炉渣与空气接触；

（2）加入石灰、萤石，并加强搅拌，保持炉渣流动性良好；

（3）将渣中的碳及碳化分子氧化掉；

（4）若电石渣过强时，则可扒除部分再加石灰、萤石调渣；

（5）加入脱氧剂继续脱氧直到成为白渣。

7.11.7　还原期碳出格的处置方法

（1）碳出格的原因：

① 灰渣或电石渣下出钢；

② 依靠合金来调整，但合金含碳量有波动；

③ 最后一次试样分析距离出钢时间较长，实际炉内钢水成分已发生变化；

④ 电极头脱落进入熔池，没有及时发现；

⑤ 取样前没有充分搅拌，不具有代表性；

⑥ 出钢时未充分抬高电极，钢水冲刷电极；

⑦ 加入的脱氧剂（碳粉、碳化硅等）量大，且没均匀撒开；

⑧ 带料进入还原，到后期冷料落入熔池没发现。

（2）防止措施：

① 禁止灰渣或电石渣下出钢，必须白渣下出钢；

② 出钢前用合金调碳量不能太大，否则应再取样分析成分；

③ 还原期最后一次样距离出钢时间不能太长；

④ 取样前充分搅拌，保证取样具有代表性；

⑤ 还原期所加的合金、生铁等必须过秤不能大概加估计；

⑥ 发现有电极头脱落，必须马上扒除，并搅拌取样分析成分；

⑦ 掌握好脱氧剂的加入时间、数量和方法；

⑧ 出钢前必须有专人负责升起电极且保证足够高度。

7.11.8　还原期硅出格的处置方法

（1）硅出格的原因：

① 稀薄渣下加入大量的脱氧剂（硅铁粉、碳化硅等），使钢水增硅严重且不稳定；

② 取样没有代表性；

③ 不是白渣下取样；

④ 出钢前或出钢过程中炉壁上的氧化渣垮塌，造成硅低；

⑤ 不是白渣出钢，温度高，再加上散流。

（2）防止措施：

① 脱氧剂每批的加入量不能过多，应均匀分散于渣面上；

② 还原精炼期分析硅成分应在二次，估算分析结果与所加量带来的结果是否相符，如果误差太大，还要搅拌取样再分析；

③ 必须白渣下取样分析成分才具有代表性；

④ 熔化期、氧化期控制好，不要产生大沸腾造成炉壁挂渣；

⑤ 必须白渣下出钢，控制好出钢温度，渣钢混出，整流出钢；

⑥ 要考虑插铝和喂线操作带来的硅量增加。

7.11.9　锰出格的处置方法

（1）锰出格的原因：

① 净沸腾及稀薄渣下大量用锰铁预脱氧而还原期取样分析偏低，且距离出钢时间较长造成大量回锰；

② 黄渣下取样，渣白后回锰；

③ 炉壁上挂的氧化渣垮塌下来，破坏还原渣，造成钢液中锰低。

（2）防止措施：

① 分析结果与总加入量相差悬殊大时，应再搅拌取样进行分析，并且距离出钢时间不能过长；

② 必须是白渣下取样分析成分；

③ 防止熔化期，氧化期大沸腾的产生而使炉壁挂渣。

7.11.10 还原期磷出格的处置方法

（1）磷出格的原因：

① 氧化渣未扒净，还原期回磷；

② 还原期补加大量生铁或合金，其含磷高未加估计；

③ 带料氧化或还原，炉壁氧化渣脱落；

④ 氧化末期去磷不彻底，磷含量偏高。

（2）防止措施：

① 保证早期形成高碱度、高氧化性的炉渣，且脱碳沸腾流渣良好，并不断补渣造新渣去磷；

② 氧化渣必须迅速、彻底、干净扒除；

③ 补加大量生铁或含磷高的合金后应注意磷含量；

④ 防止带料进入还原；

⑤ 防止还原期炉壁上挂的氧化渣塌落。

7.11.11 硫出格的处置方法

（1）硫出格的原因：

① 还原期炉渣造得不好（碱度低、流动性差、渣量少），黄渣，温度偏低，脱氧、脱硫不良；

② 出钢口太小，出钢时渣、钢混冲不良。

（2）防止措施：

① 还原期应用足够的温度；

② 炉渣要有一定的碱度和渣量，且流动性良好，必须白渣下出钢；

③ 加强搅拌，使钢水与炉渣接触良好；

④ 如果钢中硫太高时，可扒除部分炉渣补加渣料造新渣；

⑤ 出钢时，大口深坑，先渣后钢或渣钢同出，保证混冲有力。

7.11.12 铬出格的处置方法

（1）铬出格的原因：

① 废钢铁料含铬高，氧化期处理不当，氧化渣未扒净；

② 取样前搅拌不彻底，取样不具有代表性；

③ 黄渣或绿渣下取样，待渣白是回铬；

④ 黄渣或绿渣下出钢。

（2）防止措施：

① 加强对废钢料的管控，勿混杂使用，氧化渣必须扒干净；

② 取样前必须充分搅拌，分析成分结果与所加入量不一致时应再搅拌取样分析后才能补加合金；

③ 必须在白渣下取样；

④ 必须在白渣下出钢。

7.11.13 铝出格的处置方法

（1）铝出格的原因：

① 插铝时铝在渣面上氧化燃烧；

② 插入钢液的铝量不准确；

③ 喂线机喂入的铝量不准确；

④ 钢液脱氧不良，或出钢二次氧化严重。

（2）防止措施：

① 钢液脱氧必须良好，减少出钢二次氧化带来的危害；

② 插铝铁棒的粗细及长度要适宜，保证插铝进入钢液；

③ 插入钢液的铝量必须根据钢水量准确称重；

④ 炉前插铝的回收率一般在50%左右；

⑤ 喂线机喂入的铝量必须根据喂入的铝量计算出铝线长

度，准确设定参数。

7.11.14　穿炉的处置方法

（1）穿炉的原因：

① 开炉前对炉体状况的检查不到位；

② 对炉体2#渣线部位和大小炉门两侧渣线部位砖所剩厚度判断失误；

③ 熔渣成分异常，冶炼时间过长，特别是还原期时间长。

（2）防止措施及穿炉的处理：

① 加强对炉体的检查维护，必要时用风吹开渣线上的粉化渣详细查看；

② 作为有经验的炼钢工要能准确判断出2#渣线，大小炉门两侧砖所剩余的厚度；

③ 对于熔渣成分有异常的炉次，要抓紧时间处理，如果是在后期炉龄的炉体中冶炼，更要注意；

④ 如果是2#渣线部位穿钢（见图7-4），则马上停止供电，倾动炉体倒出一部分钢水，将穿钢部位堵好继续送电冶炼，抓紧时间处理好还原期各项工作后出钢，出完钢停炉处理穿钢部位；

图 7-4　炉体 2#渣线部位穿钢

⑤ 如果是大小炉门两侧穿钢，则马上停电，并向穿钢部位的相反方向倾动炉体，将穿钢部位堵好恢复送电，抓紧时间处理好还原期各项工作后出钢，出完钢停炉处理穿钢部位。

第 8 章

出钢、浇注

8.1　出钢的条件

（1）化学成分应全部进入规格；

（2）钢液脱氧良好；

（3）炉渣流动性良好，白渣保持时间20~30 min；

（4）温度符合要求；

（5）炉体及设备正常，出钢槽平整、干净，炉盖、炉顶要吹扫干净，减少外来夹杂物。

出钢要求先渣后钢或渣钢同出，利于渣钢在钢包中激烈混冲，进一步脱氧、脱硫，促使夹杂物上浮进入炉渣，减少钢液的二次氧化和降温，出钢要做到：

① 摇炉不能过快，以防先出钢后出渣；也不能过慢，防止二次氧化吸收气体；

② 防止出钢严重散流或细流，以免混冲无力；

③ 加强出钢槽的检查与维护，出钢时大口深坑；

④ 出钢时有专人稳包和指挥行车，避免钢渣冲出盛钢桶壁（尤其是使用后期的盛钢桶，出钢时盛钢桶也不能落得太低）。

8.2　钢包吹氩精炼的主要作用

（1）利用氩气泡清洗钢水，能使钢中的氢、氮含量降低并使钢中的氧含量进一步下降；

（2）利用氩气的搅拌作用，清除夹渣和夹杂，均匀钢水的温度和成分，减少偏析；

（3）利用氩气的保护作用，可进一步减少钢液的二次氧化（见图 8-1）。

图 8-1　钢包吹氩

8.3　钢包吹氩去气的原理

氩气是一种惰性气体，吹入钢液内的氩气泡对于溶解在钢中的气体来说就像是一个真空室，在这个氩气泡内其他气体的分压力几乎为零，根据西华特定律（在一定温度下，气体的溶解度与该气体在气相中分压力的平方根成正比）。钢中的气体不断向气泡内扩散，气泡内的分压力增大，因气泡在上浮过程中受热膨胀，故氮气、氢气的分压力仍然保持在较低水平，继续吸收氢气和氮气，最后随氢气泡出钢液而被去除。

8.4 钢包吹氩去夹杂的原理

钢包底吹氩条件下钢液中夹杂物的去除主要依靠氩气泡的浮起作用，夹杂物与气泡碰撞并黏附在气泡壁上，然后随气泡上浮逸出而被去除。

8.5 影响钢包吹氩效果的主要因素

（1）钢液脱氧程度影响钢包吹氩精炼的效果。因为仅靠吹氩不能完全达到脱氧的目的，所以进入钢包的钢液脱氧必须良好；

（2）氩气消耗量影响吹氩的效果。当吹氩量较低时，氩气在包中只起到搅拌作用，对去气、去夹杂的效率低且不稳定；

（3）吹氩压力的影响。吹氩压力越大，搅动力越大，气泡上浮越快。但是吹氩压力过大，氩气流涉及范围就越小，甚至会形成连续性气泡柱，易造成钢包液面剧烈发翻滚，钢液大面积裸露与空气接触造成二次氧化和降温严重。钢渣相混，被击碎乳化的炉渣进入钢水，使夹杂物含量增加。所以吹氩的最大压力以不冲破渣层裸露出钢液面为限。压力过小，搅拌能力弱，效果差，吹氩时间长，可能造成透气砖堵塞；

因此，吹氩压力过大过小都不好，理想的吹氩压力是使氩气流遍布整个钢包，氩气泡在钢液内呈均匀分布；

（4）吹氩时间的影响。吹氩时间主要与钢包重量和钢种有关。吹氩时间不宜太长，否则降温过大，对耐火材料冲刷严重。

若吹氩时间过短，钢中的气体和夹杂物不能有效排除，吹氩效果不显著。一般情况下，吹氩时间通常控制在5~10 min 为宜；

（5）氩气泡大小的影响。当氩气流量、压力一定时，氩气泡越细小，均匀及在钢中的上升的路程和滞留的时间越长，与钢液接触的面积也就越大，吹氩精炼的效果也就越好。这主要取决于用的透气砖的工艺参数。

8.6 钢包喂丝（喂线）的技术特点

（1）装备简单，操作方便，占用场地较少；

（2）对钢水的扰动较小，热损失小，减少了从空气中吸收氧、氮量；

（3）喂入钢液中的合金线、铝线等易熔化，分布均匀；

（4）喂丝（喂线）以一定的速度进入钢水深部，元素的收得率高还稳定，脱氧效果好，还可实现对钢中微量元素成分的调整。

8.7 钢包喂丝（喂线）注意事项

（1）喂线期间要进行气体搅拌（吹氩等），以便溶解丝线，合金元素能在钢中均匀分布；

（2）喂线深度要合适，最佳的喂入深度取决于钢包的尺寸和几何形状。铝线，包芯线一定要喂入钢液中，不能在渣面上；

（3）喂线速度不能太快也不能太慢，要适中。太快，丝线易插入钢包底部，太慢则在渣面烧损严重，合金元素收得率低；

（4）实际生产中，包芯线的喂线速度一般要比铝丝的喂线速度低，通常10T 的钢包推荐的喂铝线速度为1 m/s，喂包芯线的速度为0.4 ~ 0.6 m/s（见图8-2）。

图 8-2 喂包芯线

8.8 浇注温度的控制

由于浇注温度是受出钢温度直接影响的，因此控制好出钢温度对钢的产品质量是十分有利的。

（1）出钢温度过高会引起：

① 气体在钢中的溶解度增加，从而使钢中气体含量增多，严重影响钢的质量；

② 侵蚀浇注用耐火材料，增加钢中的夹杂，严重时甚至引起漏钢事故；

③ 钢液镇静时间长，如果包底利用吹氩精炼，则吹氩时间也会延长，甚至还要加大吹氩的压力，迫使钢水快速降温，反而会导致钢液裸露造成吸气和二次氧化严重。

（2）出钢温度过低会造成：

① 炉内脱氧效果差；

② 钢水在盛钢桶中不能镇静，或镇静时间太短，钢中的夹杂物不能上浮，造成夹杂物增多；

③ 包底吹氩不能有效进行，气体和夹杂物的去除有限达不到精炼的目的；

④ 无法顺利浇注，造成钢水回炉。

（3）控制好浇注温度的方法：

① 掌握好氧化末期的扒渣温度；

② 控制好还原期的渣量及碱度；

③ 还原期进行适当调整，一定要经过测温合格后才能出钢；

④ 掌握好镇静及正常吹氩精炼的时间，经过包内测温，温度正常才允许浇注。

8.9 浇注速度的控制

浇注温度和浇注速度的控制是浇注时操作上最主要的两个方面，两者相互关联，通常用“高温慢浇”“低温快浇”来概括注温和注速之间的关系。常规可以将浇注速度分为快速、中速、慢速三种。

1. 快注组的钢种特点

（1）合金元素含量多，特别是含有使钢水黏度增加的合金元素较多（如 Cr、Al、Ti、V、Re 等）的合金钢、不锈钢、硅钢等。

（2）对钢件内部夹杂物和碳化物分布要求较严格的钢种，如轴承钢，高速钢，合金钢等。通过低温快注来改善钢种内部组织。

2. 中注组的钢种特点

此钢水中一般含 Ti，At，Re 等合金钢，含 C≤0.25%碳素结构钢，合金结构钢等。

3. 慢注组钢种的特点

（1）对裂纹敏感，如含 C 在0.20%左右的碳素钢，含 C 在 0.30%~0.50%的中碳素结构钢、硅锰、弹簧钢等，通过均匀慢注防止产生热裂纹。

（2）体积收缩倾向性大的钢种，如碳素工具钢，通常用慢注来减少其收缩和疏松等缺陷。

8.10 整流浇注

浇注时必须要整流是由于浇注时钢水与空气接触被氧化而生成为钢中夹杂物，同时吸收大量气体。如果散流浇注，钢水的表面积就会大大增加，氧化吸气就会加剧，钢质严重恶化，当整流浇注时，钢水的表面积最小，氧化吸气作用少（见图 8-3）。

图 8-3 整流浇注

8.11 浇注到后期收、顶流应注意事项

（1）在钢水液面接近冒口时，适当放慢注速；

（2）当钢水液面升入冒口后，钢水流应逐步减小到收流再顶流2~3次，使冒口部分填注时间适当延长一些，减少铸件缩孔；

（3）当冒口内钢水补足后加保温剂或发热剂，确保冒口内的钢液比铸件本身凝固慢，以起到补缩的作用。

8.12 出钢过程中钢包漏钢的处置方法

1. 出钢过程中钢包漏钢的原因

（1）塞头和水口砖研磨不够好，造成其接触的严密程度不够；

（2）塞头和水口砖安装时有损坏，没有发现；

（3）安装塞杆和水口砖，其接触面有异物，吻合不好，没有发现；

（4）钢包烘烤后，包塞杆袖砖被烤裂吊包检查时没发现；

（5）钢水温度高，硫含量高；

（6）出钢时包落得太低控制不好，易冲坏包壁，造成漏钢。

2. 处置方法

观察出钢的程度和所漏钢水流的大小。

（1）吊包时认真检查包塞杆袖砖是否被烤裂，如烤裂则需更换包塞杆后再烘烤一定时间才能吊包出钢；

（2）如果刚出钢就漏，且漏得比较大，则马上摇回炉体，终止出钢，恢复供电，继续脱氧操作，更换钢包，烘烤后待炉内成分、温度合适后出钢；

（3）如果出钢中后期才漏且漏得较小，也要停止出钢，由浇注工打开包塞杆卡子，开启塞杆，进行掩合操作，若能关死，则打上包卡，继续出钢；若不能关死，则包内钢水回炉；

（4）如果出钢中后期漏且漏得量太大，则直接回炉或钢水漏入炉坑，此时一定要注意人身及设备的安全；

（5）严格控制钢水的出钢温度和出钢前的硫含量，盛钢桶（钢包）的高低要合适，使钢水流落入钢包中心，以不冲刷包壁为宜。

3. 防止措施

（1）塞头与水口砖相互研磨到由原来的线状接触变为带状接触（有一定宽度的完整圈）时，表明塞头与水口砖密合良好；

（2）安装塞头和水口砖时要小心谨慎，多检查，发现有损坏，马上更换；

（3）安装塞杆时先将水口砖及周围清扫干净，装好后浇注工要进入包内检查确认无误后才能使用。

8.13 浇注过程中漏钢处置

1. 浇注过程中漏钢的原因

（1）塞头和水口砖有质量问题，由于开浇经钢水冲刷后缺肉造成关不严或掩不住；

（2）安装塞杆时，哨头（错身、擦动等）程度不够，导致打开塞杆开浇后（因塞杆在高温下受到冲击力易弯曲变形）再掩时回不到原就造成关不严了（见图8-4）。

2. 防止措施

（1）加强对塞头和水口砖使用前的认真检查，有裂纹或缺肉的一律不用；

（2）安装塞杆时，塞杆不能完全垂直正对水口砖中心，而必须有一个“哨头（错身、擦动等）”，即上好的塞杆关闭时要贴着水口内表面，靠近包壁的一侧要在钢包中心方向滑动一定的距离（一般为2 cm左右），然后把水口堵严实。

图 8-4 浇注过程中漏钢

8.14 塞杆打不开原因及处置

1. 塞杆打不开或打开不出钢水的原因

（1）出钢过程中钢水散流飞溅，钢包升降机构因飞溅进入钢珠将升降机构卡死（打开回不去也是此问题）；

（2）安装水口砖时，若水口砖上端面低于包底，则形成凹盆，加之钢水温度偏低时，在凹盆处的钢水容易凝固将塞头凝结在水口砖上，造成无法打开塞杆，浇注无法进行；

（3）安装水口砖形成凹盆后，钢液在镇静过程中，凹盆处的钢水降温最快，与钢包内其他部位的钢水温差较大，使塞头砖受热不均匀，易使塞头砖产生裂纹，在开浇时脱落将水口堵住，造成塞杆能打开也不出钢水。

2. 防止措施

（1）加强对出钢口，出钢槽的检查维护，倾动炉体速度适中，防止出钢时钢水散流飞溅；

（2）安装水口砖时认真检查有无缺陷，水口砖必须塞平（平包底）放正、周围无缝隙。

8.15 出钢过程中钢包穿钢的处置

8.15.1 出钢过程中钢包穿钢的原因

（1）包墙和包底不是一体打结的，或砖砌筑的有缝隙，没有检查到位就使用；

（2）使用到后期的钢包，因座砖透气砖经过反复的热胀冷缩和机械冲刷后，易破裂或损坏；

（3）座砖与水口砖之间缝隙较大，没有处理好；

（4）后期钢包包壁太薄，检查不到位（见图8-5）。

图 8-5　穿钢

8.15.2　防止措施

（1）钢包在使用前一定要加强检查，对有缝隙的地方一定要用专用的修补剂填实补好，进行烘烤后再使用；

（2）对后期钢包的座砖，透气砖加强检查，如果有异常，停止使用，待更换座砖或透气砖后再用；

（3）对于后期钢包，在安装水口砖前必须先清除座砖缝里的冷钢和残泥，保证其密合良好；

（4）如果出钢过程中穿钢流小，则摇回炉体将钢包内钢水回炉，如果穿钢流大，则不建议回炉，直接漏在炉坑，主要是为了保证人身、设备的安全。

8.16　包塞杆在包内熔断的处置

8.16.1　造成原因

（1）高温炉渣的侵蚀，炉渣碱度不够；

（2）包塞杆袖砖经烘烤后产生裂纹，出钢前吊包时没发现；

（3）包塞杆所用袖砖本身有质量问题（裂纹，缺肉等）；

（4）在砌筑包塞杆时，塞头与袖砖，袖砖与袖砖之间所用的耐火泥量不够，有缝隙，或塞杆芯填充的砂子不够。

以上原因都可能导致包塞杆的熔断（见图 8-6），造成无法浇注。

图 8-6　包塞杆熔断

8.16.2　防止措施

（1）控制好出钢温度（防止高温钢），保证炉渣的碱度，出钢后在包塞杆周围加碳粉或小块石灰，减小炉渣对塞杆的侵蚀；

（2）出钢吊包前认真检查塞杆烘烤的情况，如发现有裂纹必须更换；

（3）砌筑包塞杆必须认真检查所用的塞头砖和袖砖，有缺陷一律不得使用，并且耐火泥要涂抹均匀，填充砂子要紧实。

第 9 章

钢水质量检验和评估

9.1 化学成分

9.1.1 技术要求

（1）铸钢件化学成分应符合表 9-1 的规定。

（2）B 级钢、B+级钢的碳当量最大值为 0.72，C 级钢、E 级钢的碳当量最大值为 0.88。

（3）为获得规定的力学性能，应根据公式（1）计算实际熔炼炉次的碳当量。

$$CE = C + (Mn + Si)/6 + (Cr + Mo + V)/5 + (Ni + Cu)/15 \qquad (1)$$

9.1.2 检验方法和检验规则

（1）化学成分分析以熔炼分析试样的分析结果代表该熔炼炉次的化学成分。

（2）化学成分分析试样的取样和制样应符合《铸造合金光谱分析取样方法》（GB/T 5678—2013）或《钢和铁化学成分测定用试样的取样和制样方法》（GB/T 20066—2006）的规定。

（3）化学分析分析方法按《钢铁及合金化学分析方法》（GB/T 223—2008）、《碳素钢和中低合金钢 多元素含量的测定火花放电原子发射光谱法（常规法）》（GB/T 4336—2016）、《钢铁 总碳硫含量的测定 高频感应炉燃烧后红外吸收法（常规方法）》（GB/T 20123—2006）或《低合金钢多元素含量的测定电感耦合等离子体原子发射光谱法》（GB/T 20125—2006）的规定进行。

（4）若用户复验的化学成分的结果与制造方提供的分析报告不符合时，按照《钢铁及合金化学分析方法》（GB/T 223—2008）仲裁。

（5）熔炼分析应在每包钢水开始浇注至浇注到 25%之间取样进行分析。

表 9-1　化学成份

钢种牌号	化学成分（质量分数）/%													
	C	Si	Mn	P	S	Cr	Ni	Mo	V	Cu	Pb	Sn	As	Al
ZG230-450	0.20～0.30	0.20～0.50	0.50～0.90	≤0.030	≤0.030	≤0.35	≤0.30	≤0.20	≤0.04	≤0.30	≤0.05	≤0.05	≤0.08	0.02～0.08
ZG25MnSi	0.20～0.28	0.50～0.80	0.85～1.05	≤0.030	≤0.030	≤0.35	≤0.30	≤0.07						
B 级钢 ZG25MnNi	0.20～0.28	0.20～0.40	0.70～1.00	≤0.030	≤0.030	≤0.35	0.30～0.40	≤0.07						
B+级钢 ZG25MnCrNi	0.23～0.29	0.30～0.50	0.80～1.00	≤0.030	≤0.030	0.30～0.50	0.20～0.30	≤0.05						
C 级钢 ZG25MnCrNi Mo	0.22～0.28	0.20～0.40	1.20～1.50	≤0.030	≤0.030	0.40～0.60	0.35～0.55	0.20～0.30						
E 级钢 ZG25MnCrNi Mo	0.22～0.28	0.20～0.40	1.20～1.50	≤0.030	≤0.030	0.40～0.60	0.35～0.55	0.20～0.30						

ZG230-450、ZG25MnSi、B 级钢、B+级钢在规定的最大含碳量以下，每降低 0.01%碳，则允许锰在最大规定值之上再增加 0.04%，但锰的最高含量不应大于 1.20%。

ZG230-450 中残余元素（Ni+Cr+Cu+Mo+V）≤1%，除另有规定外，残余元素不作为验收依据。

除表中元素外，其余残余元素应满足：Sb≤0.01%、W≤0.10%、Ti≤0.05%、Zn≤0.05%、B≤0.000 5%

（6）每炉钢水应进行终锰分析，终锰试样取自与最后一个合格铸同时或之后浇注的试块上，或取自每一炉钢水浇注的最后一个合格铸件上。

9.2 夹杂物

铸钢非金属夹杂物要求应符合表9-2的规定

表9-2 非金属夹杂物的要求

夹杂物类型	合格级别
Ⅰ型（球状）夹杂物	细系：1级～4级。粗系：1级～2级
Ⅱ型（点网状）夹杂物	1级～2级
Ⅲ型（点状）夹杂物	细系：1级～4级。粗系：1级～2级
Ⅳ型（群状三氧化二铝）夹杂物	1级～2级
Ⅴ型（球状）夹杂物	评级不作为验收依据
外来夹杂物	报告中应以文字说明，不作为验收依据

夹杂物类型见表9-3。

表9-3 夹杂物类型

夹杂物类型	说明
Ⅰ型	包含氧化物、表面附有硫化物的硅酸盐类夹杂物和复合二氧化硅玻璃体等球状夹杂物
Ⅱ型	包含灰色点状硫化铁锰及其与氧化铁锰共晶型夹杂物等点网状分布夹杂物
Ⅲ型	包含黑色多角形含三硫化二钼的复合夹杂物和钢中添加钒铬等出现的多角形夹杂物以及其他非球状分布夹杂物
Ⅳ型	三氧化二铝树枝晶形夹杂物，在光学显微镜下呈群状
Ⅴ型	以氧化铁为主要成分的单颗粒球状的二次氧化夹杂物
外来夹杂物	钢水浇注时带入的夹渣，耐火材料等粗大颗粒夹杂物

E 级钢车钩非金属夹杂物应符合表 9-4 的规定。

表 9-4　E 级钢车钩非金属夹杂物的要求

夹杂物类型	合格级别
Ⅰ型（球状）夹杂物	细系：1 级～3 级。粗系：1 级～2 级
Ⅱ型（点网状）夹杂物	1 级
Ⅲ型（点状）夹杂物	细系：1 级～3 级。粗系：1 级～2 级
Ⅳ型（群状三氧化二铝）夹杂物	1 级
Ⅴ型（球状）夹杂物	评级不作为验收依据
外来夹杂物	报告中应以文字说明，不作为验收依据

摇枕、侧架非金属夹杂物应符合表 9-5 的规定。

表 9-5　摇枕、侧架非金属夹杂物的要求

夹杂物类型	合格级别
Ⅰ型（球状）夹杂物	细系：1 级～3 级。粗系：1 级～2 级
Ⅱ型（点网状）夹杂物	1 级～2 级
Ⅲ型（点状）夹杂物	细系：1 级～3 级。粗系：1 级～2 级
Ⅳ型（群状三氧化二铝）夹杂物	1 级
Ⅴ型（球状）夹杂物	评级不作为验收依据
外来夹杂物	报告中应以文字说明，不作为验收依据

9.3　钢的氧含量

钢的氧含量≤0.0060%。

9.4　金相组织

ZG230-450 铸钢金相组织应符合表 9-6 的规定。

表 9-6　ZG230-450 铸钢金相组织

金相组织	分级数	合格级别
铸态组织	8	不应存在
残余铸态组织	8	不应存在
遗传影响组织	8	1 级～6 级
正火组织	8	1 级～7 级
堆垛正火组织	8	1 级～7 级
退火组织	8	1 级～7 级
回火程度	2	1 级

B 级钢（ZG25MnNi）和 B+级钢（ZG25MnCrNi）金相组织应符合表 9-7 的规定。

表 9-7　B 级钢和 B+级钢金相组织

金相组织	分级数	合格级别	
		试棒检验	实物检验
铸态组织	8	不应存在	
残余铸态组织	8	不应存在	
正火（或正火+回火）组织	8	1 级～6 级	
堆垛正火（或者堆垛正火+回火）组织	8	1 级～4 级	1 级～6 级

C 级钢（ZG25CrNiMo）金相组织应符合表 9-8 的规定。

表 9-8　C 级钢金相组织

金相组织	分级数	合格级别	
		试棒检验	实物检验
铸态组织	8	不应存在	
残余铸态组织	8	不应存在	
（正火+回火）组织	8	1 级～4 级	1 级～5 级

E 级钢（ZG25CrNiMo）金相组织应符合表 9-9 的规定。

表 9-9　E 级钢金相组织

金相组织	分级数	合格级别	
		试棒检验	实物检验
铸态组织	8	不应存在	
残余铸态组织	8	不应存在	
调质组织	10	1 级～7 级	

9.5　力学性能

除非产品技术文件另有规定，低合金钢铸件的硬度应符合表 9-10 的规定。

表 9-10　硬度

级别	硬度/HBW
A 级	108～160
B 级、B+级	137～228
C 级	179～241
D 级	211～285
E 级	241～311

各钢种力学性能应符合表 9-11 的规定。

表 9-11　各钢种力学性能

铸钢牌号/级别	抗拉强度 MPa	屈服强度/MPa		断后伸长率/%		断面收缩率/%	冲击吸收能量/J
	R_m	R_{eL}	R_{eH}	A4.52	A	Z	KV_2
A 级	≥415	≥205	—	≥26	—	≥38	—
B 级	≥485	≥260	—	≥24	—	≥36	≥20（-7℃）

续表

铸钢牌号/级别	抗拉强度 MPa	屈服强度/MPa		断后伸长率/%		断面收缩率/%	冲击吸收能量/J
	R_m	R_{eL}	R_{eH}	A4.52	A	Z	KV_2
B+级	≥550	≥345	—	≥24	—	≥36	≥20（-7℃）
C 级	≥620	≥415	—	≥22	—	≥45	≥20（-18℃）
D 级	≥725	≥585	—	≥17	—	≥35	≥27（-40℃）
E 级	≥830	≥690	—	≥14	—	≥30	≥27（-40℃）
ZG200-400	≥400	—	≥200		≥25	≥40	≥30
ZG230-450	≥450	—	≥230		≥22	≥32	≥25
ZG270-500	≥500	—	≥270		≥18	≥25	≥22
ZG310-570	≥570	—	≥310		≥15	≥21	≥15
ZG340-640	≥640	—	≥340		≥10	≥18	≥10

第 10 章
电弧炉炼钢相关安全操作规程

10.1 炉料备料作业安全技术操作规程

10.1.1 危险源辨识

1. 物体打击和机械伤害

（1）物料摆放不规范、倾倒，对人员造成物体打击和机械伤害；

（2）运输过程中电动平车操作人员不注意观察周围人员造成物体打击；

（3）机械装置、工具等防护不到位造成物体打击和机械伤害。

2. 起重伤害

（1）维护保养不到位，设备设施安全度不高造成起重伤害。

（2）起重机械操作人员误操作或与指挥人员配合不当造成起重伤害；

（3）不正确选择、使用吊运器具或所吊物料摆放、捆绑不规范造成起重伤害；

（4）电磁吸铁盘吊运过程中突然停电导致炉料坠落造成起重伤害。

3. 触　电

（1）人员操作时因电气绝缘破损、电气漏电、照明等造成直接触电或间接触电；

（2）电磁吸铁盘导线破损造成触电。

4. 灼　烫

（1）操作人员触碰烘烤过的铁合金等物料造成灼烫；

（2）高温传导、热辐射、热阻绝设施缺损、操作不当造成灼烫。

5. 火　灾

操作人员操作不当造成火灾。

6. 其他伤害

（1）不正确穿戴或使用个人防护装备造成其他伤害；
（2）高温造成中暑。

10.1.2　炉料准备安全操作要求

1. 工作前安全操作要求

（1）操作人员必须进行培训，合格后方可上岗。

（2）操作人员必须身体状态良好，严禁带病上岗作业。

（3）操作人员必须分工明确、各负其责，严格执行工艺操作规程和设备操作维护规程。

（4）禁止工作前和工作中饮酒，禁止在工作现场追逐打闹。

（5）工作场地应干燥整洁，无积水，不得堆放易燃易爆物。

（6）操作人员须按标准穿戴好个人防护装备。个人防护装备包括：安全帽、手套、防砸劳保皮鞋、工作服、防尘口罩、护目镜。

（7）经常检查电磁吸铁盘线路。有破损应及时修复。不用时，应放在固定的地点，以防撞坏或受潮。

（8）仔细检查烘烤炉各部位电器控制系统、传动机构及止动机构等是否完好，确保无问题方可通电烘烤合金、辅助材料等。

（9）检查工装、吊具是否完好，是否存在缺损，如有损坏，应立即修理或更换。

（10）高温天气应注意防暑工作，现场应配备电扇、清凉饮料、解暑药物等解暑。

（11）对工作环境、现场 5S 定置管理等进行全面检查。

2. 工作中安全操作要求

（1）钢铁料、铁合金及辅助材料必须分类堆放，铁合金及辅助材料应标明成分或规格等级，确认不清的钢铁料、铁合金不准使用。

（2）所有的原辅材料均保持干燥、块度大小应适当，不得混入垃圾杂物。

（3）存放合金材料的料斗摆放平稳，摆放不准超过两层，以免倾倒伤人。

（4）堆放电极，必须有可靠的支架，以防电极滚动、倒塌伤人。

（5）原辅材料按指定地点存放，不准堵塞人行道。堆码高度不准超过二层，并要堆码整齐牢固。炉料进入车间前，供料单位及检查员应对炉料认真检查，确保钢铁料中不得混有潮湿材料、冰块、密闭容器、有色金属、砂泥、油污、垃圾杂物、爆炸物等。

（6）在向料斗、料盘内加料时，加料人员必须对炉料进行二次检查，防止易燃易爆、封闭物、潮湿炉料等入炉。

（7）电磁吸铁盘吸料时，磁盘下严禁站人，防止突然断电物料掉下伤人，也不准吊长、大、高温等物料。

（8）给料斗穿钢丝绳时，应将折页全部穿齐，不得漏穿。

（9）加料场地加料时，人与料斗应保持5 m以上安全距离，以防投料入斗时弹出伤人。

（10）料斗存放场地上的散料应存放在料斗或料盘内，以保持场地整齐清洁。

（11）配钢铁料时，大、中、小料应合理搭配。大料应加在底部或高温区，严禁加在上层，以防折断电极。

（12）料斗应使用底部带孔的专用料斗，料斗内不得有积水。

二次加料禁止用大料和湿料。

（13）使用料盘加料时，应使用底部有孔的专用料盘，以保证料盘内无积水。

（14）钢铁料不准高于料斗边沿，堆料不得过多、过长、过宽。

（15）电平车上放料斗、料盘要放正放牢，不准重叠堆放。

（16）及时清理和清扫现场及铁路边的钢铁料垃圾。以免妨碍人员和车辆通行。

（17）装卸车时不准同时吊两个料斗。吊物不准从设备、人头上通过。

（18）不准超负荷使用吊具和料斗、料盘，以防断裂。

3. 天车吊运操作注意

（1）作业前，检查吊环、料斗吊耳、钢丝绳或吊具等应保持完好，发现扭曲、变形、裂纹、磨损过度等情况，应立即修理或更换，严禁使用断股、死弯或严重腐蚀的钢丝绳。

（2）吊运料斗时，一定要将吊环挂在料斗吊耳上，严禁用吊环钢丝绳吊料斗。

（3）吊料时，周围不得站人，发现滑脱歪斜时，要立即发出落钩信号，将吊物放下重新吊，防止脱落伤人。

（4）与天车工配合工作时，要专人指挥，指挥信号正确，周围人员未避开危险区域不得指挥起吊。

（5）吊运时不准用手扶抓料斗或抓斗的边缘，以防砸手、挤手。

（6）吊运各种物料时必须响铃。

（7）吊运时不得从人头上方通过。

（8）吊物捆绑合理或使用专用合格箱架等。

（9）禁止一切人员接近吊物或在吊物下停留、通过。

4. 电阻炉烘烤物料时要求

（1）按规定要求对相关物料进行烘烤，不得随意更改入炉烘烤炉料的种类，以防发生火灾。

（2）物料必须用专用器具盛装，摆放合理牢固，不得超宽、超高，不得超出台车、底板的框架。

（3）台车入炉时，先检查炉内是否有人，台车两侧不准站人，用钢丝绳牵台车进炉时，人不要站在钢丝绳附近，也不允许无关人员走近张紧的钢丝绳。

（4）每次台车进出烘干炉前，应清理轨道，并检查台车的卷扬钢丝绳磨耗状态，台车牵引定滑轮等超限时更换。牵车时，操作者不得站在定滑轮前后，必须站在侧面 2m 以外指挥。

（5）打开炉门之前须断电，关好炉门再合送电。并按规定检查电源线路有无绝缘老化隐患，发现问题找电工及时处理。

（6）每次从炉内卸料时，操作者身体应站在辊道两侧，戴好手套，防止烫伤。

（7）使用天车吊运时，必须将台车开到不影响吊运部位，按吊运规定和吊挂方法操作，严禁超负荷吊运或“歪拉斜拽”。

5. 工作后安全操作要求

（1）应将工具、吊具、料盘、料斗放在规定位置。严禁乱放乱丢或把工具、吊具压在料斗或钢铁料下面。

（2）清扫作业场地，废弃物分类处理。关闭风、水、电、气等各种动能开关。

（3）填写相关记录，做好交接班工作。

10.1.3 应急处置措施

1. 实施原则

所有措施必须在保证自身安全前提下实施，否则，发现直接危及人身安全的紧急情况时，立即停止作业或者在采取可能的应急措施后撤离作业场所，迅速报警。

2. 触　电

（1）立即拉闸断电或用干燥的木棒等绝缘材料移除与触电者接触的电线，使触电者脱离电源，平放在地面或板面上，实施人工急救。

（2）同时拨打急救电话，及时送入医院救治。

（3）触电者脱离电源后，要采取预防措施防止伤者受到摔伤等二次伤害。

（4）事故发生后，要及时报告单位相关人员，并保护好事故现场。

3. 物体打击、机械伤害、起重伤害

（1）立即停止作业，将伤者身上的物体移开，同时防止对伤者造成二次伤害。

（2）伤者如流血可采取临时止血措施。可能有内伤的，平稳倒地，不得有大动作。

（3）同时拨打急救电话，及时送入医院救治。

（4）同时报告单位有关人员，保护好事故现场。

4. 火灾、爆炸

（1）立即拨打电话报警，同时抢救伤员，报告单位相关人员。

（2）在可能的情况下，切断风、水、电、气等各种动能供应。

（3）现场抢救戴好口罩，采取防毒措施，使用就近消防器材，进行初期扑救。

（4）要疏通抢救通道和逃避通道，如有继续发生爆炸的可能性时，应首先考虑逃避至安全位置，清点现场人员，确保火灾、爆炸现场无人员滞留。

（5）维护事故现场，防止无关人员进入。

5. 灼　烫

（1）立即就近送诊所或医院治疗。

（2）严禁伤害部位接触有害物质或自行随意处置。

（3）立即报告单位相关人员，保护好事故现场。

6. 中　暑

（1）轻度中暑。

① 让患者离开高温环境，到阴凉、通风、干燥处休息，脱去衣服，使患者体温下降。

② 给患者喝些清凉饮料，如冷盐糖水、菊花水、绿豆汤等，但不可补充大量水分。同时可用藿香正气水、清凉油、十滴水、人丹等解暑药。

③ 症状不能缓解时，可用针刺或手指掐人中、合谷、内关等穴位。

（2）重度中暑。

① 先按轻度中暑措施实施。

② 面色发红的患者，可将其头部垫高；面色苍白的患者，则要使其头部放低，以保证脑部供血。

③ 给患者头部冷敷，用50%的酒精或冷水、冰水进行反复擦洗，以促其降温、散热，当体温降至38°C以下时，要停止一切强降温措施。

④ 如患者昏迷不醒时，可用香烟末刺激其鼻孔，促其苏醒，同时针刺或手掐其人中、十宣、百会穴，使其恢复知觉。

⑤ 如以上方法抢救无效，应尽快送医院抢救。在途中要注意降温避暑。

10.1.4　设备设施故障及安全事故处置

（1）立即停止作业，切断风、水、电、气等各种动能、材料供应，防止事故扩大。

（2）上报相关人员进行维修，非专业人员不得私自维修。

（3）发生其他安全生产事故后，应立即停止作业，关闭电源，如有伤员，移开物品，并将伤员送往医院或打急救电话送往救治，同时报告单位相关人员，保护好事故现场。

（4）所有故障排除后，经主管人员同意后，方可进行作业。

10.2 电炉砌（修）炉、包作业安全技术操作规程

10.2.1 危险源辨识

1. 物体打击和机械伤害

（1）物料摆放不规范、倾倒，对人员造成物体打击和机械伤害；

（2）高处落物造成物体打击；

（3）机械装置、工具等防护不到位造成物体打击和机械伤害。

2. 起重伤害

（1）维护保养不到位，设备设施安全度不高造成起重伤害；

（2）起重机械操作人员误操作或与指挥人员配合不当造成起重伤害；

（3）不正确选择、使用吊运器具或所吊物料摆放、捆绑不规范造成起重伤害。

3. 触　电

人员操作时因电气绝缘破损、电气漏电、照明等造成直接触电或间接触电。

4. 灼　烫

电弧炉炉体、钢包未冷却至室温造成灼烫。

5. 高处坠落

（1）操作人员进出炉体、钢包不慎造成高处坠落；

（2）修包地坑或平台护栏、盖板缺失，人员操作时注意力不集中造成高处坠落。

6. 其他伤害

（1）不正确穿戴或使用个人防护装备造成其他伤害；

（2）高温造成中暑；

（3）噪声防护不当造成噪声聋职业病。

10.2.2 砌（修）炉、包安全操作要求

1. 工作前安全操作要求

（1）操作人员必须进行培训，合格后方可上岗；

（2）操作人员必须身体状态良好，严禁带病上岗作业；

（3）操作人员必须分工明确、各负其责，严格执行工艺操作规程 和设备操作维护规程；

（4）禁止工作前和工作中饮酒。禁止在工作现场追逐打闹；

（5）检查所用设备、工具是否符合安全要求，并检查所用软梯、铁架、搭桥是否牢固可靠；

（6）砖的码放及其他物料堆放高度不准超过底部的2倍；

（7）操作人员须按标准穿戴好个人防护装备。个人防护装备包括：安全帽、手套、防砸绝缘劳保鞋、工作服、防尘口罩、护目镜；

（8）高温天气应注意防暑工作，现场应配备电扇、清凉饮料、解暑药物等解暑；

（9）对工作环境、现场5S定置管理等进行全面检查。

2. 工作中安全操作要求

（1）拆炉、包时应自上而下进行，禁止从中间拆起。

（2）注意炉壁、包壁上浮挂易掉的冷钢、钢渣等伤人。

（3）修炉、包时，炉壁、包壁必须冷却至室温方可进入，

以防烫伤或中暑。

（4）修炉、包时，炉口包口上、炉沿包沿等禁止放置任何物品，以防物品掉落伤人。

（5）凿砖时必须戴好防护镜，以防砖屑伤人。

（6）清除炉壁、包壁内残铁时，切勿用手在炉壁、包壁上滑动，以防伤手。

（7）手工打炉壁、炉底和用风锤时，应从上往下打，不准单手操作风锤，打炉底和斜坡时，注意把好站稳。铲砖时不准两人对面工作。

（8）照明灯电压不准超过 36 V，并要符合有关规定，防止触电事故发生。

（9）炉体或炉盖的砌筑必须严格按炉体或炉盖砌筑工艺和图纸进行，任何人不可随意改变。

（10）砌筑前应首先将炉体或炉盖清理干净并进行检查，冷却系统不能漏水，并按要求进行试压。

（11）砌筑炉盖时，将砖的小头朝下，在专用的胎膜上进行，耐火泥要抹均匀，砖缝要小，并按工艺找出三根电极的中心点。

（12）在修炉砌砖时，向炉内吊运或搬运砖前，要检查跳板的长度和质量，坡度不应超过 25°。探头板处不许有人站立和操作。

（13）在炉、包内工作时必须与外面和下面的人有联系，要有专人监护。

（14）吊运炉砖时，必须挂好四个吊耳，并由专人指挥吊运。

（15）使用脚手架时，必须检查工作场地周围有无电线。不准在架子上放过重、过大材料或工具。

（16）工作中传递砖或工具时，必须等对方拿住后再松手。

3. 天车吊运操作注意

（1）作业前，检查钢丝绳或吊具应符合要求，严禁使用断股、死弯或严重腐蚀的钢丝绳；

（2）与天车工配合工作时，指挥信号正确，周围人员未避开危险区域不得指挥起吊；

（3）吊运炉砖时要专人进行指挥天车；

（4）吊运炉砖时必须响铃；

（5）吊运时不得从人头上方通过；

（6）吊物捆绑合理或使用专用合格箱架；

（7）禁止一切人员接近吊物或在吊物下停留、通过；

（8）严禁超负荷吊运或“歪拉斜拽”。

4. 工作后安全操作要求

（1）清理作业现场，收拾吊索具、工具等，整齐摆放至指定位置；

（2）检查、归位工装设备。关闭风、水、电、气等各种动能开关；

（3）填写相关记录，做好交接班手续。

10.2.3 应急处置措施

所有措施必须在保证自身安全前提下实施，否则，发现直接 危及人身安全的紧急情况时，立即停止作业或者在采取可能的应急措施后撤离作业场所，迅速报警。

1. 触　电

（1）立即拉闸断电或用干燥的木棒等绝缘材料移除与触电者接触的电线，使触电者脱离电源，平放在地面或板面上，实施人工急救；

（2）同时拨打急救电话，及时送入医院救治；

（3）触电者脱离电源后，要采取预防措施防止伤者受到摔伤等二次伤害；

（4）事故发生后，要及时报告单位相关人员，并保护好事故现场。

2. 物体打击、机械伤害、起重伤害

（1）立即停止作业，将伤者身上的物体移开，同时防止对伤者造成二次伤害。

（2）伤者如流血可采取临时止血措施。可能有内伤的，平稳倒地，不得有大动作。

（3）同时拨打急救电话，及时送入医院救治。

（4）同时报告单位有关人员，保护好事故现场。

3. 灼 烫

（1）立即就近送诊所或医院治疗；

（2）严禁伤害部位接触有害物质或自行随意处置；

（3）立即报告单位相关人员，保护好事故现场。

4. 高处坠落

（1）轻者有出血情况时，立即采取包扎等止血措施。

（2）对骨折伤员要注意保护骨折部位，不能随意扭曲。重者应保 持伤者坠落原位。

（3）立即拨打急救电话，及时送往医院救治。

（4）同时报告单位相关人员，保护好事故现场。

5. 中 暑

（1）轻度中暑。

① 让患者离开高温环境，到阴凉、通风、干燥处休息，脱去衣服，使患者体温下降。

② 给患者喝些清凉饮料，如冷盐糖水、菊花水、绿豆汤等，但不可补充大量水分。同时可用藿香正气水、清凉油、十滴水、人丹等解暑药。

③ 症状不能缓解时，可用针刺或手指掐人中、合谷、内关等穴位。

（2）重度中暑。

① 先按轻度中暑措施实施。

② 面色发红的患者，可将其头部垫高；面色苍白的患者，则要使其头部放低，以保证脑部供血。

③ 给患者头部冷敷，用50%的酒精或冷水、冰水进行反复擦洗，以促其降温、散热，当体温降至38℃以下时，要停止一切强降温措施。

④ 如患者昏迷不醒时，可用香烟末刺激其鼻孔，促其苏醒，同时针刺或手掐其人中、十宣、百会穴，使其恢复知觉。

⑤ 如以上方法抢救无效，应尽快送医院抢救。在途中要注意降温避暑。

10.2.4 设备设施故障及安全事故处置

（1）立即停止作业，切断风、水、电、气等各种动能、材料供应，防止事故扩大；

（2）上报相关人员进行维修，非专业人员不得私自维修；

（3）发生其他安全生产事故后，应立即停止作业，关闭电源，如有伤员，移开物品，并将伤员送往医院或打急救电话送往救治，同时报告单位领导和安全员，保护好事故现场；

（4）所有故障排除后，经主管人员同意后，方可进行作业。

10.3 电炉炼钢作业安全技术操作规程

10.3.1 炼钢作业危险源

1. 物体打击和机械伤害

（1）物料摆放不规范、倾倒，对人员造成物体打击；

（2）高处落物造成物体打击；

（3）电炉传动部分防护缺失，对人员造成机械伤害。

2. 起重伤害

（1）维护保养不到位，设备设施本质安全度不高造成起重伤害；

（2）起重机械操作人员误操作或与指挥人员配合不当造成起重伤害；

（3）不正确选择、使用吊运器具或所吊物料摆放、捆绑不规范造成起重伤害。

3. 触　电

人员操作时因电气绝缘破损、电气漏电等造成直接触电或间接触电。

4. 灼　烫

（1）操作过程中因操作不当造成钢水飞溅或高温气体造成灼烫；

（2）钢包状态或吊具状态不良，导致钢包倾斜、倾倒、钢水泄漏造成灼烫；

（3）接触钢水的工具对人体造成灼烫；

（4）钢包装载过满，溢出造成灼烫。

5. 火灾及其他爆炸

（1）循环冷却水和冷件与熔化状态钢水接触造成爆炸；

（2）入炉炉料混有封闭容器、爆炸物或潮湿炉料造成爆炸；

（3）操作人员倾倒未凝固的渣罐（桶）遇湿造成爆炸；

（4）出钢炉坑内有积水或潮湿造成爆炸；

（5）炉体周边、钢包吊运线路及其两侧附近有潮湿、积水、堆放易燃易爆物品等造成火灾或爆炸；

（6）变压器油、液压油泄漏造成火灾或爆炸。

6. 高处坠落

操作平台、出钢炉坑等周围未采取有效防护措施或防护设施不齐全造成高处坠落。

7. 坍　塌

（1）炉盖砌筑、炉盖维护保养不到位或冶炼过程操作不当造成炉盖坍塌；

（2）除尘移动罩钢结构锈蚀、强度不足造成移动罩坍塌。

8. 其他伤害

（1）除尘设施状态不良或不正常使用造成尘肺职业病；

（2）不正确穿戴或使用个人防护装备造成尘肺职业病或其他伤害；

（3）电炉冶炼产生噪声防护不当造成噪声聋职业病；

（4）高温造成中暑。

（5）强电弧光造成眼睛伤害和皮肤灼伤伤害。

10.3.2　炼钢安全操作要求

1. 工作前安全操作要求

（1）操作人员必须进行岗前三级教育培训，合格后方可上岗。

（2）操作人员必须身体状态良好，严禁带病上岗作业，佩戴劳保用品。

（3）操作人员必须分工明确、各负其责，严格执行工艺操作规程和设备操作维护规程。

（4）禁止在钢包运行路线上设置各类休息室、会议室等人员集中场所，各休息室、会议室禁止在冶炼现场一侧设置通道。

（5）开炉前，必须对炉体、机械系统、冷却水循环系统、电气系统、液压系统、气体系统（如氧气、氩气有无泄漏，连锁保护装置是否有效）、除尘系统等设施进行检查。

（6）禁止工作前和工作中饮酒。

（7）禁止在工作现场追逐打闹。

（8）开炉操作要求：

① 大修炉或连续停炉15天后，电弧炉必须进行烘炉处理；

② 电弧炉炉体大面积抢修后，在开炉第 1 炉时应采取相关的措施以防止不当操作造成抢修炉体再次损坏导致事故的发生；

③ 停炉超过 24 h，应检查炉体情况，发现炉内潮湿或者有水应立即处理；

④ 每炉钢水出完后，应检查炉体情况，如发现凹坑、炉砖脱离、炉砖上涨、炉砖侵蚀严重等炉体问题，必须采取相关措施处理好后方可进行下一炉的开炉操作，如无法处理，则必须停炉，进行抢修或中修处理。

（9）入炉前，炉料要有专人负责检查，严禁将易燃易爆物品、封闭式容器及带水、雪块等潮湿炉料加入炉内。

（10）检查出钢炉坑和浇注场地及其周围无积水、易燃易爆物品堆积等，并保证作业环境的通畅。

（11）炉前使用的材料、工具等必须妥善保管、放置整齐，保持工作场地整洁（如吊索具是否完好，地沟及钢水吊运线路上有无潮湿积水、出钢平车上有无杂物）。

（12）操作人员须按标准穿戴好炼钢专用个人防护装备方可进行操作。个人防护装备包括：安全帽、手套、劳保鞋、阻燃服、耳塞、防尘口罩或防颗粒物呼吸器、防强光或紫外线等护目镜或面罩。

（13）高温天气应注意防暑工作，现场应配备电扇、清凉饮料、解暑药物等解暑。

（14）对工作环境、现场5S 定置管理等进行全面检查。

2. 工作中安全操作要求

（1）冷却水循环系统及除尘系统：

① 连接冷却水管路时要站稳扶好，防止坠落。各种紧固件要齐全、安全可靠，防止冷却水泄漏；

② 水冷系统应保持正常状态，严禁在漏水的情况下作业。发现漏水应立即采取措施，以免引起爆炸；

③ 使用水冷炉盖时，炉料不要接触炉盖，以防短路把炉盖击穿。炉盖漏水时应及时更换或焊补，严禁漏水冶炼；

④ 冶炼过程中必须确保除尘设施随炉开启，不准随意停用或拆除除尘设施，检修拆掉的，检修后立即予以恢复。

（2）往电弧炉内装、加料时应做到：

① 装料前，发现炉内有未凝固的残余钢水要用石灰掩盖，以免装料时溅出伤人。

② 炉前加料时，除指挥人员外，其他人员退至安全地方。移动护罩开启到位、料斗到达炉体正上方后方可加料。

③ 二次加料时，加料时间和数量应得当，以防钢水溢出。炉料高出炉壳需用天车压料时，要有专人指挥。

④ 炉料全熔后，潮湿料严禁加入。

⑤ 冶炼过程中加辅料应注意：

a. 严禁操作人员用手代替加料工具直接加料；

b. 加辅料时不得过多、过快，特别是在氧化期加入铁矿石时，要注意多批少量加入，且要干燥，严禁未经烘烤加入辅料；

c. 加辅料时不得开启操作平台；

d. 冶炼过程中，操作人员在炉门口进行加料、吹氧、取样、测温等操作时，应站在其左右两侧安全位置，严禁站在炉门口的正前方，以防钢水飞溅或高温气体喷发造成烫伤。同时，操作人员应注意平台和炉体之间空隙，不要坠落。

3. 配电操作时要求

（1）配电应专人负责，并取得特种作业操作证；

（2）在接放电极时应通知配电人员，先停电，后操作。操作者严禁站在炉盖上进行操作。两人操作动作要协调、站稳，注意手套和工作服不要被设备挂住；

（3）调整电压或换电极时，先切断电源，通电时要检查电压是否符合要求，电流不得超过规定数值；

（4）对变压器按规定检查温升，如超过规定数值，立即通知相关人员处理；

（5）送电时，不得有人在炉顶作业，也不得单相送电，严禁带负荷停电，信号不明确严禁送电；

（6）任何操作前必须确认影响范围内没有人员；

（7）炉盖旋回到位且下降到底、旋转锁定销插入到位；

（8）旋转锁定销拔出到位、炉后支撑支撑到位，方可操作炉盖旋转；

（9）炉盖旋转到位后方可操作旋转锁定销插销。

4. 冶炼时要求

（1）出渣桶周边5 m范围内严禁有人走动或作业；

（2）需看炉内情况和进行操作时，必须戴好手套、冶炼专用防护眼镜等防护用品；

（3）严禁带电松放电极；

（4）随时观察冷却水压力表和温度表示值，如有异常情况要立即停炉上报，待问题解决后方可继续作业；

（5）钢水需回炉时，要有专人指挥，严禁使用非冶炼专用天车吊运钢包；

（6）向炉内倾倒钢水时，可在炉底加入一定量的石灰、增碳剂或少量废钢等，然后再将钢水倒在炉内合适位置。倒钢水速度不能过快，其他人员站在安全地带（15 m 以外）；

（7）在推料、搅拌、取样等操作时，炉门框上横放一金属棒，操作人员需站在炉门口两侧进行操作；

（8）熔炼过程中人员不准从横臂下通过，也不准在横臂下停留；

（9）通过梯子观察炉内情况时要固定好梯子，上下过程中不可用力过猛，要把持稳梯子，防止梯子倾倒，完毕要将防护链挂好。

5. 取样、测温时要求

（1）必须提起电极并断电方可进行取样、测温操作；

（2）取样后，剩余的钢水不准倒在潮湿地方，钢样未凝固时不准 脱模；

（3）不得用潮湿的工具插入钢液捣渣或取样，接触钢水的工具，必须预热后使用；

（4）测钢水温度时，测温人员应先躲至防护挡板后，双手持测温器伸入钢水内，防止钢水飞溅发生灼烫。

6. 吹氧助熔和吹氧氧化时要求

（1）检查供氧系统阀门、压力表、氧气带、吹氧管等，发现问题及时处理。

（2）吹氧不要过急，先小开阀门，吹氧管畅通后再逐渐增大吹氧压力。

（3）助熔时，吹氧管不准过分贴近炉料或炉体，更不准触及。

（4）吹氧管禁止沾有油污，吹氧管与吹氧枪连接紧固、密封，吹氧时手部远离接头部分，禁止戴有油污手套。吹氧不要急，应先小开阀门，然后逐渐增大至要求范围内。

（5）吹氧氧化时，注意吹氧方式和深吹时间的掌控，时刻注意炉内情况的变化，避免造成钢水大沸腾。

（6）停止吹氧时，先关闭阀门，再取出氧气管。

7. 出钢及钢包吊运时要求

（1）检查钢包、渣罐及操作台有无潮湿积水，出钢口是否畅通，出钢通道内有无人员和可燃物，发现问题及时处理，否则禁止出钢；

（2）出钢用钢包必须确认双侧包卡已打好，并有专人指挥；

（3）出钢前应先停电，并提起电极后出炉，严禁带电出钢；

（4）倾炉出钢时要注意限位，限位不灵，应及时修理。严禁超越限位，强制倾炉出钢；

（5）出钢时钢包周围人员必须撤到安全距离之外，防止钢水崩出、高温气体上升烫伤；

（6）钢包应对准钢水流，不得让钢水流冲击包塞杆和包壁，包内钢水液面必须低于钢包边沿 200 mm；

（7）到炉坑内吊挂渣罐时，不准踩踏渣罐的边缘，或跨越渣罐去挂吊具；

（8）钢包等吊运时必须使用专用吊具，地面人员应再次确认包梁挂好、两边保险卡打好，由专人指挥，告知周围人员避让，天车工确认后方可起吊；

（9）在吊运盛装钢水的钢包时，其吊运线路上禁止任何人员、车辆通行，周围人员须撤离到安全地带（吊运线路15 m 以外），吊运线路严禁摆放气瓶、密闭容器等易燃易爆物品；

（10）使用平车运送钢包和料斗时，应放置在平车中心部位，不得在平车边沿放置，平车上不得有妨碍平稳放置的杂物，防止发生偏重、侧翻。

8. 操作喂线机时要求

（1）操作人员必须熟知工艺规程和设备操作规程。检查喂线机工作状态，有异常不得擅自开车；

（2）检查喂线机轨道及走行部分是否有障碍物，开关及控制仪表的电源开关是否在正确位置；

（3）将喂线机推至工作位置，锁死定位销，并查看料盘是否有异常；

（4）喂线机穿线位置，包芯线和铝线是否正确夹持在输线轮上。启动电机，查看输出线速度是否正常；

（5）喂线过程中侧面门要关闭，严禁用手或其他物品引导丝线前进；

（6）丝线输送中，严禁人员横跨丝线，防止丝线刮伤；

（7）操作人员应站在喂线机控制器前，如果喂线过程出现问题，必须停机处理。

9. 天车吊运操作注意

（1）作业前，检查钢丝绳或吊具应符合要求，严禁使用断股、死 弯或严重腐蚀的钢丝绳；

（2）与天车工配合工作时，指挥信号正确，周围人员未避开危险 区域不得指挥起吊；

（3）吊运钢水时要专人进行指挥天车；

（4）吊运钢水时必须响铃；

（5）吊运时不得从人头上方通过；

（6）吊运钢水的路线及其附近不应有易燃易爆物品、无积水、场 地干燥、无人员逗留；

（7）禁止一切人员接近吊物或在吊物下停留、通过；

（8）严禁超负荷吊运或“歪拉斜拽”。

10. 工作后安全操作要求

（1）对设备和作业场地进行清扫，填写交接班记录；

（2）渣罐里的熔渣，要在凝固冷却至暗红后方能倒出，倒

渣场地 必须干燥，严禁向熔渣上倒水冷却；

（3）工作结束后，必须对电炉周围及炉台下进行防火检查，清除 火种隐患，确保防火安全；

（4）冶炼结束后，关闭风、水、电、气等各种动能开关。冷却水应在炉体冷却达到要求后关闭；

（5）整理场地，定置摆放工具、工装，工作场地清理后方能离开；

（6）消防器材定期检查，定期清洁，处于良好状态。

10.3.3 应急处置措施

所有措施必须在保证自身安全前提下实施，否则，发现直接危及人身安全的紧急情况时，立即停止作业或者在采取可能的应急措施后撤离作业场所，迅速报警。

1. 循环水泄漏引发爆炸

（1）立即关闭电源和水源；

（2）根据现场具体情况采取适当措施，使钢水与冷却水脱离接触；

（3）倒掉炉内钢水，炉体冷却后查找冷却水泄漏点；

（4）对泄漏点部位进行维修或更换；

（5）及时报告单位有关人员，保护好事故现场。

2. 烘包器发生燃爆

（1）立即关闭天然气总阀门；

（2）用高压风对钢包进行吹扫；

（3）同时报告单位有关人员，保护好事故现场。

3. 触　电

（1）立即拉闸断电或用干燥的木棒等绝缘材料移除与触电

者接触的电线，使触电者脱离电源，平放在地面或板面上，实施人工急救；

（2）同时拨打急救电话，及时送入医院救治；

（3）触电者脱离电源后，要采取预防措施防止伤者受到摔伤等二次伤害；

（4）事故发生后，要及时报告单位相关人员，并保护好事故现场。

4. 物体打击、机械伤害、起重伤害

（1）立即停止作业，将伤者身上的物体移开，同时防止对伤者造成二次伤害；

（2）伤者如流血可采取临时止血措施。可能有内伤的，平稳倒地，不得有大动作；

（3）同时拨打急救电话，及时送入医院救治；

（4）同时报告单位有关人员，保护好事故现场。

5. 火灾及其他爆炸

（1）立即拨打电话报警，同时抢救伤员，报告单位有关人员；

（2）在可能的情况下，切断风、水、电、气等各种动能供应；

（3）现场抢救戴好口罩，采取防毒措施，使用就近消防器材，进行初期扑救；

（4）要疏通抢救通道和逃避通道，如有继续发生爆炸的可能性时，应首先考虑逃至安全位置，清点现场人员，确保火灾、爆炸现场无人员滞留；

（5）保护好事故现场，防止无关人员进入。

6. 灼　烫

（1）立即使用清水降温处理，并就近送诊所或医院治疗；

（2）严禁伤害部位接触有害物质或自行随意处置；

（3）立即报告单位有关人员，保护好事故现场。

7. 高处坠落

（1）轻者有出血情况时，立即采取包扎等止血措施；

（2）对骨折伤员要注意保护骨折部位，不能随意扭曲。重者应保 持伤者坠落原位；

（3）立即拨打急救电话，及时送往医院救治；

（4）同时报告单位有关人员，保护好事故现场。

8. 中　暑

（1）轻度中暑。

① 让患者离开高温环境，到阴凉、通风、干燥处休息，脱去衣服，使患者体温下降。

② 给患者喝些清凉饮料，如冷盐糖水、菊花水、绿豆汤等，但不可补充大量水分。同时可用藿香正气水、清凉油、十滴水、人丹等解暑药。

③ 症状不能缓解时，可用针刺或手指掐人中、合谷、内关等穴位。

（2）重度中暑。

① 先按轻度中暑措施实施。

② 面色发红的患者，可将其头部垫高；面色苍白的患者，则要使其头部放低，以保证脑部供血。

③ 给患者头部冷敷，用50%的酒精或冷水、冰水进行反复擦洗，以促其降温、散热，当体温降至38°C 以下时，要停止强降温措施。

④ 如患者昏迷不醒时，可用香烟末刺激其鼻孔，促其苏醒，同时针刺或手掐其人中、十宣、百会穴，使其恢复知觉。

⑤ 如以上方法抢救无效，应尽快送医院抢救。在途中要注意降温避暑。

9. 穿　炉

（1）发生各类穿炉事故，立即升高电极，切断电源；

（2）根据穿炉的不同位置，采取相应的倾炉方式或快速倒出部分钢水，使穿炉部位不再穿炉。若穿炉部位在2#电极附近，则需注意保护电炉的外部设备，以防烧坏，造成事故范围扩大；

（3）立即用补炉镁砂等补炉材料进行补炉，并推渣烧结；

（4）补好后视具体情况继续熔炼或倒钢水处理；

（5）若穿炉部位无法修补，则立即快速出钢，进行停炉抢修或中修处理；

（6）出完钢后，需重点检查穿炉部位，确定补炉方案或中修处理，并对炉壳进行修补。

10.3.4　设备设施故障及安全事故处置

（1）立即停止作业，切断风、水、电、气等各种动能、材料供应，防止事故扩大；

（2）上报相关人员进行维修，非专业人员不得私自维修；

（3）发生其他安全生产事故后，应停止作业，立即关闭电源，移开物品，如有伤员，应将伤员送往医院或打急救电话送往救治，同时报告单位有关人员，保护好事故现场；

（4）所有故障排除后，经主管人员同意后，方可进行作业。

10.4　浇注作业安全技术操作规程

10.4.1　危险源辨识

1. 物体打击和机械伤害

（1）物料摆放不规范、倾倒，对人员造成物体打击和机械伤害；

（2）高处落物造成物体打击；

2. 起重伤害

（1）维护保养不到位，设备设施安全度不高造成起重伤害；

（2）重机械操作人员误操作或与指挥人员配合不当造成起重伤害；

（3）不正确选择、使用吊运器具或所吊物料摆放、捆绑不规范造成起重伤害。

3. 灼　烫

（1）操作过程中因操作不当造成的钢水飞溅或高温气体造成灼烫；

（2）钢包状态或吊具状态不良，导致钢包倾斜、倾倒、钢水泄漏造成灼烫；

（3）接触钢水的工具对人体造成灼烫；

（4）钢包装载过满，溢出造成灼烫。

4. 火灾及其他爆炸

（1）浇注地坑有积水或潮湿，与高温溶液接触造成爆炸；

（2）钢包吊运路线与浇注场地及其周围堆放易燃易爆品，在浇注过程中钢水飞溅造成火灾或爆炸；

（3）钢包在平车放置不当或平车操作不当造成倾翻的伤害；

（4）浇注完后，操作人员倾倒剩余钢水时，因操作不当造成火灾或爆炸。

5. 高处坠落

操作平台等周围未采取有效防护措施或防护设施不齐全造成高处坠落。

6. 中毒和窒息

（1）浇注过程中产生的烟尘、有害气体造成中毒和窒息；

（2）作业环境不畅通造成中毒和窒息。

7. 其他伤害

（1）不正确穿戴或使用个人防护装备造成其他伤害；

（2）高温造成中暑；

（3）高温造成眼睛伤害。

10.4.2 浇注安全操作要求

（1）工作前安全操作要求：

① 操作人员必须进行培训，合格后方可上岗。

② 操作人员必须身体状态良好，严禁带病上岗作业。

③ 操作人员必须分工明确、各负其责，严格执行工艺操作规程和设备操作维护规程。

④ 禁止在钢包吊运路线上设置各类休息、会议、人员集中场所。

⑤ 禁止工作前和工作中饮酒，禁止在工作现场追逐打闹。

⑥ 操作人员须按标准穿戴好个人防护装备。个人防护装备包括：安全帽、手套、防砸劳保皮鞋、阻燃工作服、防尘口罩或防颗粒物呼吸器、防强光或紫外线等护目镜或面罩。

（2）钢包及包塞杆安全要求：

① 钢包必须定期检查一次，每日进行维护保养。

② 新砌、不连续使用、修包砂泥超过30 kg 或修补部位厚度超过20 mm 的钢包必须进行预烘。强火烘烤，包壁至红色，冷却至室温后才可组装、使用。

③ 包塞杆所用的杆芯定期进行更换。

④ 包塞杆安装前应检查干燥时间是否大于24 h，检查塞头砖是否有裂纹、毛刺，检查塞头砖出气小孔是否畅通，对有问题的包塞杆不得使用。

⑤ 检查钢包包壁及包底，对侵蚀严重部位进行修补，无法修补时应及时拆除进行重新砌包。

⑥ 对钢包作认真检查，包底外凸、加固拉筋开焊、机械开关开合不畅、吊轴变形等，应立即停止使用并通知相关人员进行处理。

⑦ 在修包或安装包塞杆进出钢包时，必须二人配合作业，以防操作人员从钢包上坠落。

⑧ 包塞杆安装好之后，用烟在包底注口砖处熏，检查塞头砖与注口砖的密封情况，以防漏包。同时，包塞杆安装好至吊包出钢，不得移动或碰撞，否则必须重新对包塞杆进行安装。

⑨ 对钢包专用吊具龙门吊架进行认真仔细检查，吊钩出现横向间距过大、销轴松动窜出、开焊等情况时，要立即停止使用并通知专业维修人员处理。

（3）钢包倒放时，应落在包垫上，以防滚动伤人。

（4）进行吊包操作时，必须插好销子，并在周围无人的情况下进行。

（5）用天然气、油点火烘包时，先开气、油阀门，后开风阀门，人要与点火枪保持一定距离，以防烧、灼伤。

① 浇注场地应干燥，无积水；

② 浇注场地附近禁止有易燃易爆物品存放；

③ 浇注场地的测温架应牢固平稳，距平车的中心距离应在 1.5 m 以上，防止跑火和钢液飞溅烫伤；

④ 浇注场地应保持通风，如遇阴雨或气压低的天气、浇注大型铸件时，应敞开门窗、开启排风扇，加强自然通风及机械通风；

⑤ 观察浇注场地的风向，以确定浇注时的浇注顺序，浇注顺序应从下风向上风浇注。

（6）各种工具、吊具及废钢、垃圾不准任意堆放和堵塞通道，应及时运走或放到指定位置。

（7）高温天气应注意防暑工作，现场应配备电扇、清凉饮料解暑药物等解暑。

（8）对工作环境、现场5S 定置管理等进行全面检查。

（9）工作中安全操作要求：

① 禁止在烘包器前休息和取暖，以防天然气爆炸造成伤害。

② 吊运钢包前必须卡好双侧保检卡。钢水吊至出钢炉坑后，检查钢包的烘烤及包塞杆情况，如发现钢包包壁发红、包塞杆上的塞头砖有裂纹、包塞杆袖砖有对裂、横裂或连续两节以上纵裂，必须将钢水包吊离出钢槽炉坑位置，对钢包进行重新烘烤或换包塞杆并烘烤。

③ 所使用的工具必须干燥，发现潮湿不准使用。未经烤干的钢水包、包塞杆不准使用。

（10）天车吊运操作应注意：

① 作业前，检查钢丝绳或吊具应符合要求，严禁使用断股、死弯或严重腐蚀的钢丝绳。

② 与天车工配合工作时，指挥信号正确，周围人员未避开危险区域不得指挥起吊。

③ 吊运钢水时要专人进行指挥天车。

④ 吊运钢水时必须响铃。

⑤ 吊运时不得从人头上方通过。

⑥ 吊物捆绑合理或使用专用合格箱架。

⑦ 吊运钢水的路线及其附近不应有易燃易爆物品、无积水、场地干燥、无人员逗留。

⑧ 严禁超负荷吊运或“歪拉斜拽”。

⑨ 禁止一切人员接近吊物或在吊物下停留、通过。

⑩ 天车吊运钢包时，必须挂稳牢固，插好保险卡。满载的钢包吊运时，必须前后各设一人监护，并由一人指挥。吊运前必须做吊重试验。

（11）出钢及浇注应注意：

① 出钢时钢水流应对准钢包的中央，不要让钢水流直接冲击包塞杆和包壁。

② 出钢时，钢水不要装得过满，包内钢水必须低于包沿200 mm。若出完钢后，钢液或钢渣溢出包沿时，必须采取措施使之不再溢出方可进行吊运。

③ 出钢时，一切人员禁止站在钢包附近或出钢槽的对面15 m以内，以免发生灼烫事故。

④ 用平车运钢包时，钢包应放置在平车中心部位，平车上不得放置其他任何杂物，确保放置稳固，平车轨道及附近不得有障碍物，运送钢包时禁止同时运输其他物料。操作者应随时检查平车运转情况，发现设备运转不正常，应立即停车。

⑤ 平车运送钢包时，观察者必须在钢包前进方向的侧面进行，并与钢包保持5 m以上距离。

⑥ 浇注前，应对以下工作物进行检查，如有一项不符合安全要求，不得进行浇注作业：

a. 必须检查钢包的开关内有无杂物、残钢、残渣，检查注口砖并确认无开裂、无堵塞后松开开关锁定螺丝，方能进行浇注；

b. 再次检查吊具无异常情况；

c. 砂箱的紧固铆钳（卡）应铆牢；

d. 砂模必须干燥，未烘干、潮湿等砂模严禁浇注；

e. 浇注场地无易燃易爆物品，应保证干燥，无积水，非工作人员应在安全区域内；

f. 浇口、冒口应符合规定要求，气眼应畅通无阻；

g. 出钢至浇注时间不超过规定的时间；

h. 浇注通道必须畅通，砂型应按行按列排好，并保持一定间距，不得妨碍浇注；

i. 所浇铸件若需进行引气操作，则需提前准备好引气所需的材料、工具等。

⑦ 浇注过程中应注意：

a. 天车人员必须听从浇注人员的指挥。

b. 浇注大型铸件时，必须引气，引气要及时，以防排气不畅伤人。必要时，根据需要设立牢固的浇注台或浇注凳。

c. 浇注时，浇注人员应选择好安全位置站立，并且身体后侧 2 m 内无任何障碍物，还应时刻观察被浇砂箱的情况，发现呛箱、跑火、浇口沸腾及底漏现象等异常情况时应减速甚至立即停止浇注。

d. 配合人员与被浇砂箱应保持2.5 m 以上的距离。与浇注无关人员应立即离开浇注现场，不得在浇注现场逗留。

e. 开包浇注时，应按照浇注要求“慢快慢”的原则进行浇注，注意控制浇注速度。

f. 专人负责挡包操作，与浇注人员配合，以防钢包晃动、移动造成注口与浇口未对准浇注发生火灾、灼烫伤等事故。

g. 浇注时不准向冒口探视。

h. 浇注过程中，如遇包塞杆关不住而钢水四溅时，必须由浇注人员指挥天车，其余人员应迅速避开。

i. 浇注过程中，发生危害人身安全的异常情况时，浇注场地的所有人员应立即逃离现场，必要时向主管领导汇报。

j. 金属熔液没完全凝固前，不得随意拆除砂箱上的紧固件或撤掉压箱铁，以防止抬箱。

k. 浇注全部结束后，若钢包的注口无法关闭，需将钢包吊至指定区域，直至注口停止流出钢水或钢渣，方可吊运至平车进行处理。

l. 浇注时间过长或浇注人员发生头晕、胸闷、恶心、乏力等中毒现象时，应换人浇注。中毒者应立即离开浇注现象，到通风处休息或请医生进行医疗检查。

⑧ 浇注后应注意：

a. 拆除紧固件要用长棒捅、钩，不得用手直接拆除。

b. 浇注完15 min 内，不得在浇注现场逗留。

c. 浇注后，应检查浇注场地及其周围，清理浇注过程中飞溅出的钢水、钢渣，消除安全隐患。

d. 浇注后，钢包内的残钢和熔钢渣应缓慢倒在干燥的渣罐（盘）内或指定地点，此时所有人员都应远离渣罐（盘），严防残钢和钢渣飞起伤人。扒渣和挡渣，不许用空心棍。不准将扒渣棍倒着扛、随地乱放。

e. 清理钢包用的钢管长度最短不得小于2 m。如使用瓶装氧气瓶，氧气瓶应离开钢包或浇注地点10 m 以外存放，所使用的软管、钢管不准漏气，必须连接好。开氧气瓶时，不准用油手或带油的东西碰触氧气瓶嘴和阀门软管，氧气瓶不准用天车吊运。

f. 清理完钢包后，不得用水冷却钢包。

g. 工作完毕后，浇注现场的操作人员应对脱下的防护用品及工作服要仔细进行检查，同时互相检查，然后放入衣服箱内，以免留下火种，引发火灾事故。

（12）回炉、回包应注意：

① 整包或浇注后剩余钢水需回炉时，要有专人指挥，严禁使用非冶炼专用天车吊运钢包；

② 钢液回炉时，钢包的前方不能站人，应站在其侧面，且距其 10 m 以上，以免钢液伤人；

③ 回包时钢包运送至冶炼场地后，地面人员应配合天车挂好龙门吊架并插好保险卡（双侧包卡）后，方可离开；

④ 回炉钢包吊运至炉台上后，方可打开保险卡，向炉内倾倒钢水；

⑤ 天车人员应听从指挥人员，倒钢水速度不能过快，其他

人员应躲避至安全地带（15 m 以外）。

（13）工作后安全操作要求：

① 仔细查看并清扫浇注现场，防止遗留火源；

② 冷却、定置摆放各种工具；

③ 做好交接班记录。

10.4.3 应急处置措施

所有措施必须在保证自身安全前提下实施，否则，发现直接危及人身安全的紧急情况时，应立即停止作业或者在采取可能的应急措施后撤离作业场所，迅速报警。

1. 灼　烫

（1）立即就近送诊所或医院治疗；

（2）严禁伤害部位接触有害物质或自行随意处置；

（3）立即报告单位有关人员。保护好事故现场。

2. 触　电

（1）立即拉闸断电或用干燥的木棒等绝缘材料移除与触电者接触的电线，使触电者脱离电源，平放在地面或板面上，实施人工急救；

（2）同时拨打急救电话，及时送入医院救治；

（3）触电者脱离电源后，要采取预防措施防止伤者受到摔伤等二次伤害；

（4）事故发生后，要及时报告单位相关人员，并保护好事故现场。

3. 物体打击、机械伤害、起重伤害

（1）立即停止作业，将伤者身上的物体移开，同时防止对伤者造成二次伤害；

（2）伤者如流血可采取临时止血措施，可能有内伤的，平稳倒地，不得有大动作；

（3）同时拨打急救电话，及时送入医院救治；

（4）同时报告单位有关人员，保护好事故现场。

4. 火灾及其他爆炸

（1）立即拨打电话报警，同时抢救伤员，报告单位领导及安全员；

（2）在可能的情况下，切断风、水、电、气等各种动能供应；

（3）现场抢救戴好口罩，采取防毒措施，使用就近消防器材，进 行初期扑救；

（4）要疏通抢救通道和逃避通道，如有继续发生爆炸的可能性时，应首先考虑逃避至安全位置，清点现场人员，确保火灾、爆炸现场无人员滞留；

（5）维护事故现场，防止无关人员进入。

5. 中毒、窒息

（1）立即将中毒者移到空气流通较好空旷地，疏散围观人员，实 施人工救治；

（2）同时拨打急救120电话，送往医院救治；

（3）同时报告单位相关人员，保护好事故现场。

6. 中　暑

（1）轻度中暑。

① 让患者离开高温环境，到阴凉、通风、干燥处休息，脱去衣服，使患者体温下降。

② 给患者喝些清凉饮料，如冷盐糖水、菊花水、绿豆汤等，但不可补充大量水分。同时可用藿香正气水、清凉油、十滴水、人丹等解暑药。

③ 症状不能缓解时，可用针刺或手指掐人中、合谷、内关等穴位。

（2）重度中暑。

① 先按轻度中暑措施实施。

② 面色发红的患者，可将其头部垫高；面色苍白的患者，则要使其头部放低，以保证脑部供血。

③ 给患者头部冷敷，用50%的酒精或冷水、冰水进行反复擦洗，以促其降温、散热，当体温降至38°C以下时，要停止一切强降温措施。

④ 如患者昏迷不醒时，可用香烟末刺激其鼻孔，促其苏醒，同时针刺或手掐其人中、十宣、百会穴，使其恢复知觉。

⑤ 如以上方法抢救无效，应尽快送医院抢救。在途中要注意降温避暑。

10.4.4 设备设施故障及安全事故处置

（1）立即停止作业，切断风、水、电、气等各种动能、材料供应，防止事故扩大；

（2）上报相关人员进行维修，非专业人员不得私自维修；

（3）发生其他安全生产事故后，应立即停止作业，关闭电源，如有伤员，移开物品，并将伤员送往医院或打急救电话送往救治，同时报告单位领导和安全员，保护好事故现场；

（4）所有故障排除后，经主管人员同意后，方可进行作业。

第 11 章
铁道货车铸钢件冶炼技术发展趋势

1879年威廉姆斯·西门子制造出世界上第一台电弧炉开始，至今人类已有100多年的电弧炉炼钢历史。随着用户要求的提高，电弧炉炼钢技术不断进步和完善。第二次世界大战期间及战后，由于对合金钢和高质量钢材的需求增加，电弧炉的产量大幅度增加，推动了电炉大型化和氧气的使用。特别是20世纪60年代中期，美国人施瓦贝等人提出的电炉超高功率作业以来，再加上精炼技术的配合，电弧炉工艺装备技术得到飞速发展。20世纪80年代以来，电弧炉向高效生产、节能降耗、环境友好等方向不断发展进步，相继出现了超高功率电弧炉、偏心炉底出钢电弧炉、直流电弧炉等新技术装备。

电炉炼钢的能源主要是把电能转换成热能，目前发展趋势之一是加大电炉输入功率，从而有利于炉料的熔化，因此一些高功率、超高功率电炉相继投入生产。

其次是利用外界辅助热源，如炉料预热、氧气及氧-燃烧嘴助熔等，不但起预热炉料的作用，还可减少炉料搭棚。废钢铁料入炉前的预热温度为500℃时，可节省电能 1/4；而温度为600~700℃时，可节省电能 1/3；如果温度达到900℃，只需冷装料时的 1/2左右的电能。这就意味着，变压器输入功率不变，熔化期将按相应的比例缩短。热态炉料入炉还可增加电弧的稳定性和提前吹氧助熔，也促使熔化期的缩短。

炼钢的任务：

（1）熔化钢液，并达到规定的温度要求；

（2）控制钢液化学成分；

（3）降低磷、硫等有害元素含量；

（4）去除杂质、气体，纯净钢水。

电弧炉炼钢采用废钢铁作为主要原料，以三相交流电作电源，利用电流通过石墨电极与金属之间产生电弧，使电能在弧光中转变为热能，并借助电弧辐射和电弧的直接作用加热并熔化炉料和炉渣，冶炼出各种成分合格的钢水的一种炼钢方法。

电弧炉炼钢的特点：

（1）成分容易控制，炉气容易控制，可不用燃料；

（2）热效率高；

（3）能灵活掌控温度；

（4）设备简单、工艺流程短；

（5）易于实现自动化；

（6）耗电量较大。

11.1 LF 炉外精炼技术

国内生产摇枕、侧架、车钩钩体、钩舌主要采用电弧炉冶炼，大多制造企业已采用电弧炉+LF 钢包精炼炉冶炼，仅在生产车钩的钩膛小件、车体中小铸钢件时采用感应炉熔炼。

随着科学技术的发展，对炼钢的生产率、钢的成本、钢的纯净度以及使用性能，都提出了越来越高的要求，传统的炼钢设备和炼钢工艺难以满足。20世纪60年代，在世界范围内，传统的炼钢方法发生了根本性的变化，即由原来单一设备完成初炼及精炼的一步炼钢法，变成由传统炼钢设备完成初炼，然后在炉外完成精炼的二步炼钢法，出现了各种各样的炉外精炼技术。

一般情况下，出钢量大于10 t 的电弧炉。可以考虑采用 LF 炉精炼方法，LF 钢包炉精炼法具有加热、脱气、脱氧、脱硫、提高纯净度、合金化功能，精炼效果明显好于喂丝和钢包吹氩。

11.2 电弧炉偏心炉底出钢

偏心炉底出钢与超高功率相匹配，近年来在各国家发展及推广很快，特别是对于无渣操作的大型电弧炉，其优越性尤其明显，主要为：

（1）熔池中可以保留 98%以上的熔渣；

（2）耐火材料消耗可降低25%左右；

（3）出钢时钢水温降低，热量损失少；

（4）出钢时间短，降低了钢液的二次氧化；

（5）每吨钢电耗可下降20 kW · h 左右；

（6）每吨钢电极消耗可降低0.5 kg 左右；

（7）出钢口耐火材料内衬寿命可达 250 次左右。

偏心炉底出钢的缺点是要求电弧炉为高架式结构。我国摇枕、侧架、车钩制造厂电弧炉结构多为地坑式，高架式较少，再加上炉体容量较小、车间设备老化，技术改造存在一定困难。部分企业通过新建或扩建厂房，采用高架式结构，实现偏心炉底出钢、LF 炉冶炼随着铁路货车重载提速运输的发展以及科学技术进步，我国摇枕、侧架和车钩等铸钢件制造技术，将在以下方面进一步探索：

（1）研究高强度、高韧性、抗疲劳的新型金属材料，实现摇枕、侧架、车钩轻量化。

（2）研究精确成型技术提高摇枕、侧架和车钩的形位尺寸精度和内外表面质量，保证和改善车辆性能。

（3）研究应用纯净、低消耗的钢水冶炼技术。

（4）研究发展先进、可控的凝固技术，获得更精细、致密的凝固组织，控制宏观组织（凝固组织形态和尺寸）、微观组织（亚晶界、枝晶间距等）、强化相的形态和分布，保证组织的均匀性，进一步提高 摇枕、侧架和车钩的力学性能。

（5）应用仿真技术和快速制造技术，实现摇枕、侧架、车钩的快速制造。

（6）发展低能耗、低污染的环境友好型制造工艺技术，提高综合经济效益和社会效益。

国内生产摇枕、侧架、车钩钩体、钩舌主要采用电弧炉冶炼，许多制造企业已采用电弧炉+LF 钢包精炼炉冶炼，仅在生产车钩的钩膛小件时采用感应炉熔炼。

11.3　超高功率电弧炉

超高功率电弧炉是指单位时间输入到电弧炉中的能量比普通电弧炉大 2~3 倍。其主要优点是：大大缩短熔化时间，提高劳动生产率；改善热效率，进一步降低电耗；使用大电流短电弧，热量集中，电弧稳定，对电网的影响小等。

交流超高功率电弧炉存在以下技术难点：

（1）交流电弧燃烧及其输入炉内功率的不稳定性和不连续性；

（2）冶炼中电弧频繁短路和断弧造成电压波动频繁，同时因为功率因数低，无功功率频繁波动，引起频繁而强大的电压闪烁，最终对前级电网产生剧烈冲击；

（3）三相电弧弧长和功率的变化在时间上不一致，造成三相负载不对称，对前级电网有很大干扰和冲击，而且造成三相功率不平衡、严重的炉壁热点及原料熔化不均衡；

（4）输入功率提高后，电弧长度增加，对炉衬的辐射强度增加，炉衬寿命大幅度下降；

（5）电极消耗高。

针对以上难点，超高功率交流电弧炉可以采用如水冷炉壁（盖）技术、长弧泡沫渣技术、导电电极臂技术、偏心底出钢（无渣出钢）技术、碳氧喷枪技术、高强度电极、直流电弧炉等。

冶炼行业，为了获得最有用的冶金材料，冶炼技术尚有诸多实用、环保、经济技术有待攻关，如节能方面的废钢预热及自动化传输加料技术，智能化方面的数字化转型推动冶炼智能制造技术等等，尚需我们一代又一代钢人继续付出、为行业、为中车眉山公司的持续健康发展继续增砖添瓦。

参考文献

[1] 赵文广. 电弧炉炼钢生产技术[M]. 北京. 化学工业出版社. 2010.

[2] 沈才芳. 孙社成. 陈建斌. 电弧炉炼钢工艺与设备[M]. 北京. 冶金工业出版社. 2002.